PRISTEM/Storia
Note di Matematica, Storia, Cultura

Springer
Milano
Berlin
Heidelberg
New York
Hong Kong
London
Paris
Tokyo

PRISTEM/Storia

Note di Matematica, Storia, Cultura 7

a cura di
Lorenzo Magnani
Riccardo Dossena

 Springer

LORENZO MAGNANI
Dipartimento di Filosofia e Laboratorio di Filosofia Computazionale
Università di Pavia e Georgia Institute of Technology, Atlanta, GA, USA

RICCARDO DOSSENA
Dipartimento di Filosofia, Università di Pavia

Collana a cura di:
ANGELO GUERRAGGIO
Istituto di Metodi Quantitativi, Università Bocconi, Milano
PIETRO NASTASI
Dipartimento di Matematica, Università di Palermo

Springer-Verlag Italia
una società del gruppo BertelsmannSpringer Science+Business Media GmbH

© Springer-Verlag Italia, Milano 2004

http://www.springer.it

ISBN 88-470-0292-3

Quest'opera è protetta da diritto d'autore. Tutti i diritti, in particolare quelli relativi alla traduzione, alla ristampa, all'uso di figure e tabelle, alla citazione orale, alla trasmissione radiofonica o televisiva, alla riproduzione su microfilm, alla diversa riproduzione in qualsiasi altro modo e alla memorizzazione su impianti di elaborazione dati rimangono riservati anche nel caso di utilizzo parziale. Una riproduzione di quest'opera, oppure di parte di questa, è anche nel caso specifico solo ammessa nei limiti stabiliti dalla legge sul diritto d'autore, ed è soggetta all'autorizzazione dell'Editore Springer. La violazione delle norme comporta le sanzioni previste dalla legge.

La riproduzione di denominazioni generiche, di denominazioni registrate, marchi registrati, ecc. in quest'opera, anche in assenza di particolare indicazione, non consente di considerare tali denominazioni o marchi liberamente utilizzabili da chiunque ai sensi della legge sul marchio.

Progetto grafico della copertina: Simona Colombo, Milano
Fotocomposizione e impaginazione: Valentina Greco, Milano
Stampato in Italia: Signum Srl, Bollate (Milano)

SPIN 10953006

Indice

Prefazione dei curatori 1
Prefazione
Jean Dieudonné 5

Considerazioni comparative intorno a ricerche geometriche recenti
Felix Klein 11

§1 Gruppo di trasformazioni dello spazio.
    Gruppo principale. Si pone un problema generale 15
§2 I gruppi di trasformazione di cui l'uno abbraccia
    l'altro vengono subordinati fra loro. Diversi tipi
    di ricerche geometriche e loro reciproca relazione 18
§3 Geometria proiettiva 20
§4 Trasporto mediante rappresentazione 23
§5 Dell'arbitrarietà nella scelta dell'elemento
    dello spazio. Principio di trasporto di HESSE.
    Geometria della retta 25
§6 Geometria dei raggi reciproci. Interpretazione di $x + iy$ .. 29
§7 Estensione delle cose precedenti. Geometria delle sfere
    di Lie 32
§8 Enumerazione di metodi ulteriori che hanno
    a fondamento un gruppo di trasformazioni puntuali 37
§9 Sul gruppo di tutte le trasformazioni di contatto 41
§10 Sulle varietà a quante si vogliano dimensioni 45

Osservazioni finali 47
Note 50

Postfazione
P. François Russo s.j. 59

Prefazione dei curatori

Nel 1872, un anno dopo la fondamentale pubblicazione intorno ai modelli proiettivi della Geometria non euclidea, Felix Klein venne chiamato come professore all'Università di Erlangen, all'età di 23 anni. La dissertazione inaugurale, da lui letta in quella occasione, proponeva alcuni principi generali in grado di unificare le varie geometrie scoperte e sviluppate nei decenni precedenti. Tale dissertazione sarebbe passata alla storia dei capolavori della cultura come il Programma di Erlangen. *Questo programma ha avuto un impatto enorme in tutti i rami della Matematica. Si trattava di sfruttare la nozione centrale, già riconosciuta come fondamentale da Evariste Galois, di* gruppo di automorfismi *di una struttura matematica. È possibile esplicitare tutti gli automorfismi di opportune strutture geometriche euclidee e non euclidee e classificarli in base alle loro proprietà geometriche, in particolare i loro* invarianti.

Il concetto algebrico di gruppo diventa così primario e, per così dire, agisce sulle varie geometrie, "alla ricerca" degli invarianti. Per esempio, il gruppo PSL(2,R) di trasformazioni proiettive 2 per 2 a coefficienti reali agisce sia sul piano iperbolico che sulla retta proiettiva reale; nel secondo caso, il birapporto di quattro punti è l'invariante fondamentale mentre, nel primo caso, l'invariante fondamentale è la lunghezza di un segmento (anch'esso calcolato in termini di birapporto).

L'effetto di generalizzazione di aree della Geometria prima disgiunte è enorme e così pure il portato epistemologico della trasformazione concettuale operata dal Programma di Erlangen: *in altre aree della Matematica e in Fisica il concetto di invariante promuove nuove scoperte. Ad esempio, l'invarianza delle equazioni di Maxwell dell'Elettromagnetismo rispetto alle trasformazioni di Lorentz ha suggerito a Minkowski una nuova geometria dello spazio-tempo, il cui gruppo di auto-*

morfismi è il gruppo di Lorentz. Come è noto, ciò è all'origine della teoria della relatività che non a caso in qualche occasione Einstein aveva considerato una specie di Invariantentheorie. *Altri esempi possono essere tratti dalla fisica delle particelle, dove considerazioni di invarianza e simmetria hanno portato a previsioni importanti.*

Dal punto di vista epistemologico e filosofico l'opera di Klein delinea nella Matematica quel lavoro tipico del ragionamento creativo che conduce alla generalizzazione e alla formazione di punti di vista unificanti e più astratti. In questo senso, esso è parallelo a quell'attività di generalizzazione delle teorie derivata dalla nascita della Logica matematica e del concetto di sistema formale nella seconda metà dell'Ottocento.

Il presente libro deriva da una pubblicazione uscita nel 1974 (Felix Klein, Le programme d'Erlangen, *Gauthier-Villars, Parigi, ristampa, Gabay, Parigi, 1991) che raccoglieva la traduzione francese del programma, una prefazione di Jean Dieudonné e una Nota di padre François Russo (recentemente scomparso, nel 1998)[1]. Tutti e tre i saggi sono qui offerti al lettore in traduzione italiana. La traduzione italiana dall'originale tedesco del* Programma di Erlangen *è quella autorevole di Gino Fano[2] pubblicata nel 1899 nella rivista* Annali di matematica pura e applicata *(vol. 17, pp. 301-343) con il titolo* Considerazioni comparative intorno a ricerche geometriche recenti. *La prefazione di Dieudonné è*

---

[1] Francois Russo (1909 - 1998), gesuita – era stato ordinato sacerdote nel 1943 – e studioso di formazione giuridica, si è poi dedicato alla storia delle scienze, con particolare attenzione ai problemi filosofici coinvolti nel loro sviluppo. Tra le sue opere, ricordiamo: *Histoire de la pensée scientifique, Bibliographie d'histoire des sciences et des techniques* (2a ed. 1969) e *Pour une bibliothéque scientifique* (1972).

[2] Gino Fano (1871 - 1952) può essere considerato uno delle principali espressioni della *scuola italiana di Geometria algebrica*, fondata da Corrado Segre. Allievo proprio di C. Segre, Fano fu invitato dal Mestro a tradurre il *Programma di Erlangen* di Felix Klein (che aveva conosciuto personalmente a Gottinga, durante un periodo di studio). Fano si segnalò già molto giovane, per un'assiomatizzazione della Geometria proiettiva degli iperspazi e i primi esempi di geometrie finite. Seguirono poi i lavori sulle superfici algebriche e sulle varietà che oggi portano il suo nome. Fano fu sempre considerato un geometra geniale e fantasioso, anche se non sempre ineccepibile dal punto di vista della chiarezza e del rigore. Nel 1938, venne allontanato dall'Università di Torino (dove era professore ordinario di Geometria analitica) in seguito all'applicazione delle leggi razziali.

un'intelligente e illuminante descrizione di alcuni brevi aspetti storici dell'origine del programma *e del suo impatto sulla Matematica successiva, in particolare nella Geometria differenziale.* La Nota di Russo Genesi del programma di Erlangen di Felix Klein *si avventura in un'affascinante disamina delle matrici storico/epistemologiche della scoperta di Klein, con riferimenti a Cayley, le Geometrie non euclidee (Lobačevskij e Riemann) e la Geometria proiettiva. Espone inoltre considerazioni epistemologiche intorno al rapporto fra spazio fisico e spazio geometrico, intorno ai concetti chiave di* trasformazione *(vista nel suo passaggio – per l'appunto operato da Klein – da* strumento *a* essenza *della Geometria) e di* gruppo. *La Nota si conclude con alcune interessanti analisi epistemologiche, motivate dal* Programma di Erlangen, *sul tema del progresso scientifico rispetto all'effetto di unificazione "integrante" da esso provocata in Matematica. Prefazione di Dieudonné e Nota di Russo sono tradotti dal francese da Lorenzo Magnani.*

Certamente, i risultati conseguiti da Klein con il suo programma *ci indicano il ruolo fondamentale nella scienza e nella sua evoluzione dei processi di generalizzazione e di unificazione. Anche nelle ricerche cognitive recenti, intorno ai ragionamenti creativi (scientifici e del senso comune), è posta enfasi sul ruolo centrale nel cambiamento concettuale, per esempio per il tramite di processi abduttivi*[3]*, dei processi di unificazione e di generalizzazione.*

Lorenzo Magnani
Università di Pavia, Pavia
e Georgia Institute of Technology,
Atlanta, GA, USA

Riccardo Dossena
Università di Pavia, Pavia

---

[3] Sull'abduzione e sulla sua importanza nel ragionamento scientifico e geometrico e nell'epistemologia contemporanea, nonché sull'impatto svolto dal *Programma di Erlangen* e dalla teoria dei gruppi nella tradizione epistemologica del convenzionalismo cfr. L. Magnani, *Philosophy and Geometry. Theoretical and Historical Issues*, Kluwer Academic, Dordrecht, 2001 (capitoli 5, 6 e 7).

JEAN DIEUDONNÉ*

---

* Jean Dieudonné (Lille 1906 - Parigi 1992) è stato uno dei più importanti e noti matematici francesi della seconda metà del secolo scorso. Nato in un'agiata famiglia della borghesia mercantile di Lille, orientò subito i suoi studi verso la Matematica. Allievo dell'*Ecole Normale Supérieure*, si laureò nel 1931 con una tesi sulle funzioni di variabile complessa.

È il 1934-5 il momento cruciale, quando Dieudonné fondò il *gruppo Bourbaki* con Henri Cartan, André Weil, Claude Chevalley e Jean Delsarte (cui si aggiungeranno ben presto René de Possel e Charles Ehresman). Il suo impegno nell'organizzazione del gruppo, nella redazione degli *Eléments de mathématique* e nella difesa dei principi ispiratori di *Bourbaki* ne fecero presto una delle "bandiere" più riconosciute del gruppo. La sua partecipazione a *Bourbaki* lo spinse anche ad occuparsi di altri settori della ricerca matematica, quali la Geometria, la Topologia, l'Algebra. Particolarmente noti sono i suoi contributi sul tema della *paracompattezza* e la stesura (1960-7) degli *Eléments de géometrie algébrique*, in collaborazione con A. Grothendieck.

Di Dieudonné si ricordano anche il piglio vivace e la voce tonante con cui affrontava ogni polemica. Attivo in molte Università francesi e statunitensi, svolse un'intensa attività didattica e divulgativa. Si interessò anche di storia della Matematica, coordinando i due volumi dell'*Abrégé d'histoire des mathématiques. 1700-1900* (pubblicati nel 1978). Dal 1968 era membro dell'*Académie des Sciences*.

Prefazione
Jean Dieudonné

Il *programma di Erlangen* di Felix Klein è giustamente considerato come uno dei più importanti punti di riferimento della storia delle matematiche del XIX secolo. Oggi, un secolo dopo, si può dire che costituisca una specie di *spartiacque* apparendo come un risultato della lunga e brillante evoluzione della Geometria proiettiva dall'inizio del secolo: questa è così riassunta, condensata e "spiegata" grazie all'avvaloramento del ruolo fondamentale giocato dal concetto di *gruppo*. In questo modo il programma di Erlangen inaugura il dominio che gradualmente eserciterà la teoria dei gruppi su tutte le matematiche (e non soltanto sulla Geometria) e nello stesso tempo la fusione sempre più stretta dei concetti prodotti dall'Algebra, dalla Geometria o dall'Analisi: tendenze che sono fra le più caratteristiche della Matematica odierna.

L'itinerario verso il programma di Erlangen

Come lo stesso nome indica, la Geometria proiettiva poggia sull'idea di trasformazione proiettiva, il cui esempio più semplice è la proiezione centrale. Subito si constata che queste trasformazioni non conservano la maggior parte delle proprietà studiate in Geometria euclidea (come quelle che fanno intervenire le distanze o gli angoli). Già Poncelet distingue queste ultime (dette proprietà *metriche*) da quelle che non alterano le trasformazioni proiettive (e che chiama proprietà *descrittive*). Queste ultime concernono soprattutto teoremi affermanti che punti sono allineati o che rette sono concorrenti (per esempio, i teoremi di Desargues o di Pascal) ai quali si aggiungono le relazioni che fanno intervenire soltanto un invariante numerico, il birapporto (o "rapporto anarmonico"), evidenziato in quell'epoca.

Gli sviluppi che influenzeranno maggiormente Klein risalgono agli anni 1850-1860. Da una parte si ha la creazione, dovuta a Cayley e a Sylvester, della teoria generale degli invarianti, che presto fornirà un procedimento sistematico [il *metodo simbolico*[1]] per determinare tutti gli invarianti algebrici di un sistema di oggetti geometrici e tutte le relazioni algebriche (o *sizigie*) che essi verificano. Dall'altra, lo stesso Cayley caratterizza con precisione il posto delle proprietà metriche in Geometria proiettiva, mostrando che sono quelle che lasciano invarianti le trasformazioni proiettive particolari, caratterizzate dalla condizione di lasciare invarianti certi elementi fissati una volta per tutte (per esempio, i punti ciclici nel piano proiettivo complesso). Per maggiori chiarimenti su questo punto, rinviamo all'eccellente studio di P. Russo, pubblicato alla fine di questo volume. Vi si troverà anche una storia della scoperta (dovuta indipendentemente a Beltrami e a Klein stesso) del fatto che la Geometria non euclidea poteva essere collocata in seno alla Geometria proiettiva per mezzo dello stesso procedimento di Cayley, applicato prendendo come elementi "fissi" elementi diversi da quelli che definiscono la Geometria euclidea. Cayley aveva infatti considerato esplicitamente questa nuova "geometria", ma evidentemente senza accorgersi della sua identità con la geometria di Lobačevskij.

Nel corso di tutta questa evoluzione, non si parla della nozione di gruppo. Fin verso il 1860 questa nozione era rimasta limitata al campo di azione dei suoi creatori – Cauchy e Galois – cioè ai gruppi di permutazione di un insieme finito di oggetti. È solamente nel 1868 che Jordan esce per primo da questo quadro angusto, classificando tutti i gruppi chiusi di spostamenti dello spazio euclideo a tre dimensioni.

Il punto di vista di Klein è molto più generale. Sotto l'influenza dell'amico Sophus Lie (con il quale aveva soggiornato a Parigi negli anni 1869-70), esamina dapprima il gruppo di tutte le trasformazioni proiettive e i suoi sottogruppi. In seguito, Klein esce da questa prospettiva con i gruppi di trasformazioni di contatto, di trasformazio-

---

[1] Cfr. H. WEYL, *The classical groups*, Princeton Univ. Press, Princeton, 1939, e J. DIEUDONNÉ and J. CARRELL, *Invariant theory, old and new*, Academic Press, New York, 1971.

ni birazionali e anche – questa volta influenzato da Riemann – con i gruppi di omeomorfismi. Ma la grande originalità di Klein è di avere concepito la relazione fra una "geometria" e il suo gruppo rovesciando i ruoli delle due entità, per cui il gruppo è l'oggetto primordiale e i diversi spazi sui quali esso "opera" mettono in evidenza diversi aspetti della struttura del gruppo. Klein mostra già la fecondità di questa idea stabilendo l'"isomorfismo" tra "geometrie" dagli andamenti completamente differenti, per esempio la geometria conforme dello spazio a tre dimensioni[2] e quella non euclidea iperbolica a quattro dimensioni. Questo principio avrà una portata molto maggiore di quanto Klein potesse immaginare, come mostreranno gli sviluppi successivi.

L'influenza del programma di Erlangen

Per ciò che riguarda la Geometria proiettiva e le geometrie "subordinate", come quella euclidea o non euclidea, il programma di Erlangen pone enfasi al loro aspetto puramente *algebrico*. Tutte le relazioni di tale natura tra gli elementi fondamentali di queste geometrie (punti, rette, piani, ecc.) si esprimono infatti, per il gruppo della geometria considerata, per mezzo di relazioni fra invarianti o covarianti *algebrici* di questi oggetti; il *metodo simbolico* permette di ottenere queste relazioni in modo quasi meccanico.

Molto importanti sono i nuovi campi che l'idea di *azione* di un gruppo su uno spazio apre nelle matematiche. Le concezioni di Klein hanno ancora per punto di partenza un gruppo già *dato*, come gruppo di trasformazioni di un insieme ma, a poco a poco, ci si abituerà a partire da un gruppo dato *astrattamente*, che si fa "operare" su un insieme, facendo corrispondere "omomorficamente" a ogni elemento del gruppo una trasformazione (necessariamente biiettiva) di questo insieme, secondo una certa legge. Il vantaggio di tale punto di vista è che, per uno stesso gruppo, ci sono numerose possibilità di scegliere

---

[2] Cfr. E. CARTAN, *Leçons sur la géométrie projective complexe*, Gauthier-Villars, Paris, 1931, e J. DIEUDONNÉ, *Algèbre linéaire et géométrie élémentaire*, Annexe III, Hermann, Paris, 1968.

l'insieme e la legge di operazione. Dopo il programma di Erlangen, due di tali tipi di operazioni si porranno in primo piano: le operazioni *transitive* e quelle *lineari* che estendono – in ambedue i casi – in direzioni differenti gli esempi geometrici di Klein.

Un gruppo G opera transitivamente su un insieme E se, partendo da un punto x_0 di E, si può, applicandogli tutte le operazioni del gruppo G, trasformarlo in qualunque altro punto di E. Alcuni elementi di G lasciano invariante il punto. Essi formano un sottogruppo H di G e l'ipotesi di transitività implica l'esistenza di una biezione canonica di E sull'insieme G/H delle classi laterali a sinistra sH; si dice che G/H è uno spazio *omogeneo* sul gruppo G (sotto il gruppo G); se si cambia l'elemento "di base" x_0, H è sostituito da un sottogruppo coniugato tHt^{-1}, in modo che le operazioni transitive possibili di G corrispondono alle classi (per la relazione di coniugazione) di sottogruppi H di G. Per esempio, il gruppo $SL(2, R)$ delle matrici reali:

$$\begin{pmatrix} a & b \\ c & d \end{pmatrix}$$

di determinante $ad - bc = 1$ opera transitivamente nel semipiano P dei numeri complessi z di parte immaginaria positiva, la trasformazione "omografica" $z \to (az+b)/(cz+d)$ corrispondendo per definizione alla matrice:

$$\begin{pmatrix} a & b \\ c & d \end{pmatrix};$$

il sottogruppo H che lascia invariante il punto $z_0 = i$ è formato dalle matrici:

$$\begin{pmatrix} \cos\theta & -\sen\theta \\ \sen\theta & \cos\theta \end{pmatrix}$$

delle rotazioni del piano. L'importanza di questo esempio proviene prima di tutto dai celebri lavori di Klein stesso e soprattutto da quelli di Poincaré sulle funzioni automorfe (1875-1885), strettamente legati all'azione su P dei sottogruppi discreti di $SL(2, R)$.

Ora, se E è uno spazio vettoriale, si dice che un gruppo opera linearmente in E se a ogni elemento del gruppo G corrisponde una trasformazione lineare di E. È a partire da Frobenius (1896) che si è riconosciuto l'interesse di questo tipo di operazione (che si chiama *rappresentazione lineare* di G), dapprima per i gruppi finiti, poi per gruppi qualunque.

Gli insiemi E in cui opera (transitivamente o linearmente) un gruppo possono essere formati da elementi di natura molto diversa: numeri, oggetti geometrici o topologici, funzioni, classi di funzioni, ecc., il che spiega l'universalità di queste nozioni, dall'Aritmetica superiore alla teoria delle "funzioni speciali". Occorre in particolare menzionare qui il ruolo preponderante che le rappresentazioni lineari dei gruppi giocano nella Meccanica quantistica da una trentina d'anni[3].

Un altro tratto saliente di questo movimento di idee è costituito dal fatto che l'esistenza di un'azione di un gruppo G su un insieme E può essere utilizzata nei due sensi, per ottenere delle informazioni sia sul gruppo G sia sull'insieme E in cui esso opera. È così che, dai lavori di E. Cartan è noto che certi spazi omogenei particolari G/H – gli *spazi simmetrici* (di cui il semipiano P considerato prima è un caso particolare) – giocano un ruolo preponderante in numerose teorie matematiche. Lo strumento principale implicato nel loro studio consiste nel "riportare al gruppo" gli oggetti che si è condotti a definire su questi spazi omogenei. Inversamente, è noto da Frobenius che la conoscenza delle rappresentazioni lineari di un gruppo finito comporta delle precisazioni sulla struttura di questo gruppo che non si saprebbero ottenere in altro modo. È inoltre grazie all'esistenza di particolari rappresentazioni lineari che si giunge, nel modo più diretto, alla determinazione della struttura dei gruppi di Lie compatti connessi. Più recentemente, ci si è accorti che la possibilità di immergere un gruppo discreto Γ in un gruppo di Lie G, che opera su uno spazio simmetrico, apre nuove possibilità per lo studio di questo gruppo Γ. Quando poi non si disponga di tali spazi simmetrici, si è immaginato di sostituirli con nuovi oggetti di natura combinatoria, gli *immobili di Tits-Bruhat* che offrono le stesse possibilità[4].

---

[3] Cfr. G. MACKEY, *The mathematical foundations of quantum mechanics*, Benjamin, Reading, 1963, e H. WEYL, *The theory of groups and quantum mechanics*, Dover, New York, 1949.
[4] Cfr. J. P. SERRE, *Cohomologie des groupes discrets, Prospects in mathematics*, pp. 77-169, "Annals of Math. Studies" n° 70, Princeton Univ. Press, Princeton, 1971.

Infine, conviene menzionare la prosecuzione più inattesa delle idee di Klein in Geometria differenziale. Egli aveva considerato i gruppi di isometrie degli spazi riemanniani come un campo possibile di concezioni del suo programma; tuttavia, in generale, uno spazio riemanniano non ammette nessuna isometria distinta dalla trasformazione identica. Con una generalizzazione estremamente originale, E. Cartan ha potuto mostrare che, anche in quel caso, l'idea di "operazione" gioca pur sempre un ruolo fondamentale. Occorre, tuttavia, sostituire il gruppo con un oggetto più complesso, chiamato *spazio fibrato principale*; esso può rozzamente essere rappresentato come una famiglia di gruppi tutti isomorfi, parametrati dai punti della varietà differenziale presa in considerazione. L'"azione" di ciascuno di questi gruppi verte su oggetti di natura "infinitesimale" (vettori tangenti, tensori, forme differenziali) collegati con lo stesso punto ed è "riportandosi al fibrato principale" che E. Cartan ha potuto inaugurare una nuova era nello studio (locale e globale) degli spazi riemanniani e delle loro generalizzazioni.

Considerazioni comparative intorno a ricerche geometriche recenti

FELIX KLEIN [a Göttingen]$^{(*)}$

Programma pubblicato in occasione dell'accoglimento nella Facoltà filosofica e nel Senato dell'Università di Erlangen, 1872

tradotto da GINO FANO

$^{(*)}$ [Alla proposta del sig. SEGRE† di pubblicare negli Annali una traduzione del mio Programma del 1872 ho accondisceso tanto più volentieri, in quanto che il primo volume testé comparso della "*Theorie der Transformationsgruppen*" di LIE (Leipzig 1888) potrebbe far sì che l'interesse dei geometri si rivolgesse maggiormente a siffatte discussioni. – La traduzione è assolutamente letterale; nei due o tre passi in cui si sono mutate alcune parole si son racchiuse fra parentesi quadre [–] le nuove espressioni. Nello stesso modo si sono contrassegnate una serie di aggiunte sotto il testo, che solo ora vi furono introdotte].

F. KLEIN

† Le ragioni di questa proposta (messa poi ad esecuzione grazie al sig. FANO, studente nell'Università di Torino) non consistevano per me soltanto nell'interesse *storico* che a quest'opuscolo proviene dalla moltitudine di ricerche, specialmente del sig. KLEIN e della sua scuola, che più o meno direttamente s'ispirarono da quasi un ventennio alle vaste vedute ed ai profondi concetti in esso contenuti. Questo lavoro non è, a mio avviso, abbastanza noto ai *giovani geometri italiani*; ed è specialmente per essi che ho desiderato si facesse questa ristampa. Tante idee generali ed ingegnose che si trovano in queste pagine, come l'*identità* sostanziale fra varie discipline matematiche (ed in particolare fra discipline analitiche e geometriche!) che si rappresentano l'una sull'altra quando si tenga conto dei *gruppi di trasformazioni* che in esse si pongono a base; le varie considerazioni su questi gruppi; tante giuste osservazioni che mettono sotto la luce più vera e precisa nel miglior modo il carattere di vari argomenti e varie dottrine, e specialmente di alcune più discusse, come quella delle varietà più volte estese, e la geometria non euclidea: tutte queste son cose o non sufficientemente conosciute e studiate dai giovani, o note solo per via indiretta. Su esse mi sia permesso richiamare tutta la loro attenzione.

Al prof. KLEIN pel consenso dato a questa traduzione, non che per la revisione e per le aggiunte fattevi; e così pure al sig. Direttore degli Annali per l'ospitalità gentilmente accordatale, i più vivi ringraziamenti del Traduttore e miei.

C. SEGRE

Felix Klein (1849-1925)

Fra i risultati ottenuti negli ultimi cinquant'anni nel campo della Geometria occupa il primo posto lo sviluppo della *Geometria Proiettiva* (v. nota I). Benché da principio le così dette relazioni metriche, non conservandosi invariate nelle proiezioni, sembrassero inaccessibili a questa disciplina, tuttavia recentemente si è riusciti ad abbracciarle anch'esse sotto il punto di vista proiettivo, di modo che ora i metodi proiettivi comprendono tutta quanta la geometria. Solo che le proprietà metriche vi compaiono, non più come proprietà degli oggetti in sé, ma come relazioni fra essi ed una forma fondamentale, il cerchio immaginario all'infinito (delle sfere).

Confrontando le nozioni della geometria ordinaria (elementare) con questo metodo, introdottosi gradatamente, di considerare le forme dello spazio, sorge la questione, se esista un principio generale, secondo cui ambo i metodi potrebbero organizzarsi. Tale questione appare tanto più importante, in quanto che accanto alla geometria elementare ed alla proiettiva si presenta una serie di altri metodi ai quali, con tutto che meno sviluppati, convien concedere pari diritto di esistenza autonoma. Tali sarebbero la geometria dei raggi reciproci, quella delle trasformazioni razionali, ecc. le quali saranno in seguito menzionate ancora ed esposte.

Coll'assumerci di stabilire in seguito un sì fatto principio noi non veniamo certo a sviluppare alcuna idea essenzialmente nuova, ma solo delineiamo con chiarezza e precisione ciò che fu già pensato da taluno con più o meno esattezza. Ma il pubblicare siffatte considerazioni comprensive appariva tanto più giustificato, in quanto che la geometria, che pur è unica nella sua sostanza, nel rapido sviluppo cui andò soggetta negli ultimi tempi si è troppo suddivisa in discipline quasi separate (v. nota II), che vanno progredendo alquanto indipendentemente le une dalle altre. Aggiungasi a ciò l'intenzione particolare di esporre metodi e punti di vista che vennero svolti in lavori recenti di LIE e miei. I nostri lavori, per quanto fosser diversi gli oggetti a cui si riferivano, pure d'accordo sono entrati in questo modo generale di considerazione, sicché era una specie di necessità di discutere finalmente anche questo, caratterizzando dal suo punto di vista contenuto e tendenza di quei lavori.

Benché finora siasi parlato di sole ricerche geometriche, pure vi si devono intender comprese quelle relative a varietà comunque estese, le quali si sono svolte dalla geometria coll'astrarre dalla rappresentazione nello spazio, rappresentazione non essenziale per le considerazioni puramente matematiche (v. note III e IV). Nello studio delle varietà vi sono appunto dei tipi differenti come in geometria, e si tratta, come in geometria, di mettere in rilievo ciò che v'ha di comune e di diverso in ricerche intraprese indipendentemente le une dalle altre. In via astratta, basterebbe in seguito parlare semplicemente di varietà più volte estese; ma, collegandola alle rappresentazioni geometriche più famigliari, l'esplicazione si fa più semplice e più facilmente intelligibile. Partendo dalla considerazione dei corpi geometrici, e sviluppando sopra di essi, come esempio, le idee generali, battiamo la stessa via che ha percorsa la scienza nel suo sviluppo, e che di solito nell'esposizione torna maggior conto di mettere a base.

Non è possibile far qui un'esposizione preliminare della materia di cui ci occuperemo in seguito, poiché essa mal si adatta ad una forma più ristretta[1]; i titoli dei paragrafi mostreranno il progresso generale del pensiero. Ho aggiunto alla fine una serie di note, nelle quali ho maggiormente sviluppati alcuni punti particolari, quando ciò mi sembrava utile all'esplicazione generale del testo, ovvero sono stato costretto a separare da quelli affini il principio astrattamente matematico conforme alle considerazioni del testo medesimo.

---

[1] Questa concisione di forma è un difetto dell'esposizione che faremo in seguito; difetto che, temo, renderà più difficile l'intelligenza. Ma a ciò si sarebbe potuto ovviare solo con una trattazione molto più estesa, nella quale le singole teorie, qui appena accennate, fossero ampiamente svolte.

§1. Gruppo di trasformazioni dello spazio. Gruppo principale. Si pone un problema generale

Il concetto più essenziale fra quelli necessari per quanto esporremo in seguito è quello di *gruppo* di trasformazioni dello spazio.

Componendo assieme quante si vogliano trasformazioni dello spazio[2], si ha sempre di nuovo una trasformazione. Ora, se una data serie di trasformazioni gode della proprietà che ogni trasformazione risultante da composizioni di queste appartenga alla serie medesima, chiameremo quest'ultima un *gruppo di trasformazioni*[3, 4].

Un esempio di gruppo di trasformazioni ci è dato dal complesso dei movimenti (considerando ogni movimento come un'operazione eseguita su tutto lo spazio). Un gruppo contenuto in questo è per es. quello delle rotazioni attorno ad un punto[5]. Al contrario, un gruppo che comprende quello dei movimenti è costituito dall'insieme delle collineazioni. Invece il complesso delle trasformazioni reciproche non forma alcun gruppo, – perché due reciprocità assieme dan luogo ad una collineazione –; si ha però un gruppo considerando il complesso di tutte le trasformazioni reciproche e collineari[6].

---

[2] Noi supponiamo sempre soggetto simultaneamente alle trasformazioni tutto il complesso delle figure dello spazio, e parliamo perciò semplicemente di trasformazioni dello spazio. Le trasformazioni possono introdurre in luogo dei punti altri elementi, come fanno per es. quelle reciproche; ma su ciò nel testo non si fa distinzione.

[3] [Questa definizione vuole ancor essere completata. Vale a dire, nei gruppi del testo si suppone tacitamente che essi, accanto ad ogni operazione che abbiamo a contenere, ne contengano altresì sempre l'inversa; ora questo, nel caso che le operazioni siano in numero infinito, non è punto una conseguenza del concetto di gruppo come tale; la nostra supposizione doveva quindi aggiungersi espressamente alla definizione di questo concetto data nel testo.]

[4] La nozione e la denominazione si sono prese dalla *teoria delle sostituzioni*, nella quale però in luogo delle trasformazioni di un campo continuo compaiono gli scambi di un numero finito di grandezze discrete.

[5] CAMILLE JORDAN ha determinato in generale tutti i gruppi contenuti in quello dei movimenti, *Sur les groupes de mouvements*, Annali di Matematica, t. II.

[6] Non è punto necessario, come però si verificherà sempre per i gruppi di cui faremo menzione nel testo, che le trasformazioni di un gruppo formino una successione continua. Costituisce un gruppo per es. anche la serie finita di movimenti che possono far sovrapporre un corpo regolare a sé stesso, ovvero la serie infinita ma discreta di quelli che sovrappongono una sinusoide a sé medesima.

Ora vi sono nello spazio delle trasformazioni che non alterano affatto le proprietà geometriche dei corpi. Infatti, per la natura del concetto di proprietà geometriche, queste sono indipendenti dalla posizione che la figura da studiare occupa nello spazio, dalla sua grandezza assoluta, e finalmente anche dal senso[7] in cui sono disposte le sue parti. Le proprietà di una tale figura rimangono dunque inalterate in tutti i movimenti dello spazio, nelle sue trasformazioni per similitudine, nel processo di riflessione (specchiamento), come pure in tutte le trasformazioni che risultano da composizioni di queste. Il complesso di tali trasformazioni lo chiameremo *gruppo principale*[8] di trasformazioni dello spazio: *le proprietà geometriche non si alterano nelle trasformazioni del gruppo principale*. E inversamente possiamo anche dire: *le proprietà geometriche sono caratterizzate dalla loro invariabilità rispetto alle trasformazioni del gruppo principale*. Invero, se si considera per un istante lo spazio come immobile, ecc., come una varietà rigida, allora ogni figura avrà un interesse individuale; or bene, fra le proprietà ch'essa avrà come individuo, soltanto quelle propriamente geometriche si conserveranno nelle trasformazioni del gruppo principale. Questa nozione, formulata qui in modo un po' indeterminato, apparirà più chiara nel corso ulteriore delle considerazioni.

Facciamo ora astrazione dall'immagine sensibile, matematicamente non essenziale, e consideriamo lo spazio semplicemente come una varietà più volte estesa, quindi a tre dimensioni se ci atteniamo alla solita rappresentazione del punto come elemento dello spazio. Per analogia colle trasformazioni dello spazio parliamo di trasformazioni della varietà; anch'esse formano dei *gruppi*. Solo che non c'è più come nello spazio un gruppo distinto dagli altri pel suo significato; ogni gruppo è equivalente ad ogni altro. Come generalizzazione della Geometria sorge così il seguente problema comprensivo:

---

[7] Per "senso" intendo qui la proprietà dell'ordinamento, su cui si fonda la differenza della figura simmetrica (immagine riflessa). Quindi ad es. si distinguono riguardo al senso un'elica destrorsa ed una sinistrorsa.

[8] Che queste trasformazioni formino un gruppo è necessario in causa della loro stessa definizione.

È data una varietà e in questa un gruppo di trasformazioni; studiare le forme appartenenti alla varietà per quanto concerne quelle proprietà che non si alterano nelle trasformazioni del gruppo dato.

Secondo l'espressione moderna, la quale però non si suol riferire che ad un determinato gruppo, quello di tutte le trasformazioni lineari, possiamo anche dire così:

È data una varietà e in questa un gruppo di trasformazioni. Si sviluppi la teoria invariantiva relativa al gruppo medesimo.

Questo è il problema generale che comprende in sé, non solo la geometria ordinaria, ma anche e in particolare i nuovi metodi geometrici che qui dobbiamo nominare, e le diverse maniere di trattazione delle varietà comunque estese. Ciò che conviene più specialmente notare si è l'arbitrarietà che sussiste in quanto alla scelta del gruppo di trasformazioni da fissare; e l'egual diritto, che ne segue e che in questo senso va inteso, di tutte le specie di considerazioni che si raccolgono sotto quel punto di vista generale.

FELIX KLEIN

§2. I gruppi di trasformazione di cui l'uno abbraccia l'altro vengono subordinati fra loro.
Diversi tipi di ricerche geometriche e loro reciproca relazione

Poiché le proprietà geometriche dei corpi rimangono inalterate in tutte le trasformazioni del gruppo principale, così, considerato da sé solo, è assurdo il ricercare quelle loro proprietà per cui ciò si verifica soltanto rispetto ad una parte delle trasformazioni stesse. Ma il porre una tale questione diventa giustificato, quantunque solo *formalmente*, se noi studiamo le forme dello spazio in relazione ad elementi immaginati fissi. Consideriamo ad es., come nella trigonometria sferica, gli enti geometrici con speciale riguardo ad un punto fisso. Allora la questione è anzitutto questa: Sviluppare le proprietà invariantive, rispetto al gruppo principale fissato, non più dei corpi a sé, ma del sistema formato da essi e dal punto dato. Ma una tale questione possiamo metterla anche sotto quest'altra forma: Si studino le forme dello spazio in sé per quanto concerne le proprietà che non si alterano in quelle trasformazioni del gruppo principale che conservano fisso il punto proposto. In altri termini: È indifferente di studiare le forme dello spazio in relazione al gruppo principale, e aggiunger loro il punto dato, ovvero, senza aggiunger loro nulla di dato, di sostituire al gruppo principale quell'altro in esso contenuto, le cui trasformazioni lasciano inalterato il punto medesimo.

È questo un principio del quale spesso si fa uso in seguito, e che perciò enunceremo qui subito in generale, per es. nel modo seguente:

Sia data una varietà e, per la sua trattazione, un gruppo di trasformazioni ad essa relativo. Si ponga il problema di studiare le forme contenute nella varietà in relazione ad una data forma. *Allora noi possiamo o aggiungere al sistema delle forme quest'ultima data, e allora si richiederanno le proprietà del sistema così esteso in relazione al gruppo proposto; – ovvero non estendere il sistema, ma limitare le trasformazioni che si mettono a base della trattazione a quelle contenute nel gruppo medesimo che lasciano inalterata la proposta forma (e che necessariamente costituiscono ancora un gruppo).*

Contrariamente alla questione sollevata al principio del paragrafo, occupiamoci adesso dell'inversa, che si può comprendere fin d'ora. Cerchiamo quali siano le proprietà dei corpi che si conservano in un gruppo di trasformazioni comprendente quello principale come parte. Ogni proprietà che troviamo in una tale ricerca è una proprietà geometrica del corpo a sé, ma la reciproca non sussiste. In questa entra invece in vigore il principio testé riportato, nel quale ora il gruppo principale è il meno esteso. Si ha quindi:

Sostituendo al gruppo principale un altro gruppo più ampio, le proprietà geometriche si conservano solo in parte. Le rimanenti appaiono come proprietà, non più dei corpi a sé, ma del sistema che risulta aggiungendo a questi una forma speciale. Questa forma speciale (per quanto può essere determinata[9]*) è definita dal fatto che, supposta fissa, concede allo spazio, fra le trasformazioni del gruppo proposto, solo quelle del gruppo principale.*

Su questa proposizione riposa ciò che hanno di particolare i nuovi indirizzi geometrici che qui dobbiamo discutere, e il loro rapporto al metodo elementare. Il loro carattere è appunto quello di porre a base delle considerazioni, in luogo del gruppo principale, un altro gruppo più esteso di trasformazioni dello spazio. La loro reciproca relazione è determinata da una proposizione analoga, finché i loro gruppi si comprendono l'un l'altro. Questo vale anche per i diversi metodi di trattazione di varietà più volte estese che dobbiamo considerare. Ciò verrà ora mostrato pei singoli metodi, sui quali i teoremi stabiliti in generale in questo paragrafo e nel precedente troveranno spiegazione in oggetti concreti.

---

[9] Si genera per es. una tal forma applicando le trasformazioni del gruppo principale a un elemento originale arbitrario, che non resti invariato in alcuna delle trasformazioni del gruppo proposto.

§3. Geometria proiettiva

Ogni trasformazione dello spazio che non appartenga precisamente al gruppo principale può servire a trasportare a figure nuove proprietà di figure note. Così noi usiamo la geometria del piano per quella di superficie rappresentabili sopra il piano; così, già assai prima che nascesse una vera e propria geometria proiettiva, si arguivano dalle proprietà di una figura data quelle di altre che se ne deducevano per proiezione. Ma la geometria proiettiva sorse solamente coll'abitudine di considerare la figura originale come essenzialmente identica a tutte quelle che ne sono deducibili proiettivamente, e di enunciare le proprietà che si trasportano per proiezione in modo da render evidente la loro indipendenza dalle modificazioni che si hanno proiettando. Con ciò si venne a porre a base della trattazione nel senso del §1 *il gruppo di tutte le trasformazioni proiettive, creando per tal modo il contrasto fra geometria proiettiva ed elementare.*

Un processo di sviluppo simile a quello qui citato può concepirsi come possibile in ogni sorta di trasformazioni dello spazio; e noi ci ritorneremo sopra più volte ancora. Nella geometria proiettiva stessa esso si è sviluppato ancora da due lati. Una delle estensioni del concetto si effettuò col comprendere le trasformazioni *reciproche* (dualistiche) nel gruppo posto a fondamento. Sotto il punto di vista attuale due figure duali tra loro non si considerano più come diverse, ma come essenzialmente identiche. Un altro passo si fece coll'estensione del gruppo fondamentale di trasformazioni collineari e reciproche mediante la considerazione di quelle *immaginarie* corrispondenti. Questo passo esige che siasi dapprima estesa la cerchia degli elementi propriamente detti dello spazio coll'introduzione degli immaginari, – in modo affatto analogo a quello in cui l'introduzione delle trasformazioni reciproche nel gruppo fondamentale porta con sé quella contemporanea del punto e del piano come elementi dello spazio. Non è qui il luogo di diffondersi sull'opportunità dell'introduzione degli elementi immaginari, per mezzo dei quali solamente si giunge alla corrispondenza perfetta fra la scienza dello spazio e il campo, qual è stato scelto, delle operazioni algebriche. Bisogna invece ben notare che la ragione di tale introduzione sta appunto nella considerazione di operazioni algebriche, e non già nel gruppo delle trasformazioni proiettive e reciproche. E come per queste ultime possiamo limitarci a trasformazioni reali, perché le collineazioni e reciprocità reali formano già di per sé un gruppo; – così pure noi possiamo introdurre elementi immaginari dello spazio, anche se non ci poniamo dal punto di vista proiettivo, e lo dobbiamo fintanto che studiamo per principio forme algebriche.

Come si abbiano a concepire le proprietà metriche dal punto di vista proiettivo, lo si determina secondo la proposizione generale del paragrafo precedente. Le proprietà metriche debbono considerarsi come relazioni proiettive rispetto ad una forma fondamentale, il cerchio immaginario all'infinito[10], forma che ha la proprietà di trasformarsi in sé stessa in quelle sole trasformazioni proiettive che appartengono altresì al gruppo principale. La proposizione enunciata così semplicemente richiede ancora un'aggiunta essenziale, che corrisponde alla restrizione delle ordinarie vedute agli elementi (e alle trasformazioni) reali. Per esser d'accordo con questo punto di vista, bisogna ancora aggiungere espressamente al cerchio immaginario all'infinito il sistema degli elementi (punti) reali dello spazio; le proprietà nel senso della geometria elementare sono perciò proiettivamente o proprietà dei corpi a sé, ovvero relazioni fra essi e questo sistema degli elementi reali, fra essi e il cerchio immaginario all'infinito, fra essi ed entrambi.

E qui conviene por mente ancora al modo in cui V. STAUDT nella sua Geometria di posizione istituisce la geometria proiettiva, – e cioè quella geometria proiettiva che si limita a mettere come fondamentale il gruppo di tutte le trasformazioni proiettivo-reciproche reali[11].

È noto come in quell'opera egli dal materiale d'osservazione ordinario estragga solo quei fatti che si conservano anche nelle trasformazioni proiettive. Volendo procedere oltre anche alla considerazione di proprietà metriche, si dovrebbero introdurre queste ultime ap-

---

[10] Questo modo di considerazione va ritenuto come una delle più belle cose [della scuola francese]; solo per mezzo di esso vien precisata la distinzione fra proprietà di posizione e proprietà metriche, quale si suol dare in principio della geometria proiettiva.
[11] La cerchia più estesa che comprende anche le trasformazioni immaginarie fu dallo STAUDT messa a base solo nei suoi "*Beiträge zur Geometrie der Lage*".

punto come relazioni rispetto al cerchio immaginario all'infinito. Il processo d'idee così completato è di tanta maggior importanza per le considerazioni qui esposte, in quanto che è possibile di costruire un analogo edifizio geometrico secondo lo spirito di ciascuno dei singoli metodi che ancora tratteremo.

Felix Klein

§4. Trasporto mediante rappresentazione

Prima di proceder oltre nella discussione dei metodi geometrici che si presentano accanto alla geometria elementare e alla proiettiva, svilupperemo in generale alcune considerazioni che occorreranno sempre di nuovo in seguito, e per cui le cose accennate finora danno già esempi a sufficienza. A tali discussioni si riferiscono il paragrafo presente e il successivo.

Poniamo di aver esaminata una varietà A con un gruppo B come fondamentale. Se allora per mezzo di una qualche trasformazione si cambia A in un'altra varietà A', dal gruppo B di trasformazioni di A in sé stessa otterremo ora un nuovo gruppo B', le cui trasformazioni si riferiranno ad A'. È allora un principio che si comprende da sé, che *la trattazione di A con B come fondamentale ci dà quella di A' con a base B'*; cioè ogni proprietà di una forma contenuta in A relativamente al gruppo B ne dà una della forma corrispondente in A' con riferimento al gruppo B'.

Sia per es. A una retta (punteggiata), B il gruppo delle trasformazioni lineari, in numero tre volte infinito, che la trasformano in sé stessa. La maniera di trattare A è allora quella appunto che la nuova algebra chiama "teoria delle forme binarie". Ora la retta A possiamo riferirla ad una conica A' del piano, mediante proiezione da un punto di quest'ultima. Le trasformazioni lineari B della retta in sé stessa danno luogo allora, come facilmente si prova, a quelle B' della conica in sé medesima; ossia alle trasformazioni di questa derivanti da quelle lineari del piano, che mutano la conica in sé stessa.

Ma, conforme al principio del secondo paragrafo[12], è indifferente di studiare la geometria sopra una conica, pensandola come fissa e riferendosi a quelle sole trasformazioni lineari del piano che non la alterano; ovvero di studiare la geometria su quella conica, considerando in generale le trasformazioni lineari del piano, e lasciando variare assieme ad esse la conica stessa. Le proprietà, che scorgevamo nei sistemi di punti sulla conica sono allora proiettive nel senso ordinario. An-

---

[12] Se vogliamo, il principio è applicato qui sotto una forma un po' più generale.

nodando quest'ultima considerazione al risultato testé ottenuto, abbiamo dunque:

La teoria delle forme binarie e la geometria proiettiva dei sistemi di punti su di una conica sono la stessa cosa; ossia ad ogni proposizione sulle forme binarie ne corrisponde una sopra questi sistemi di punti, e inversamente[13].

Un altro esempio atto a render più evidente questo genere di considerazioni è il seguente. Mettendo in relazione una quadrica con un piano col mezzo della proiezione stereografica, otteniamo su quella superficie un punto fondamentale: il centro di proiezione; e nel piano, due: le tracce delle generatrici passanti per esso centro. Ora, si può dimostrare senz'altro, che le trasformazioni lineari del piano che lasciano inalterati i suoi due punti fondamentali danno luogo, per mezzo della rappresentazione, a trasformazioni lineari della quadrica in sé stessa, ma a quelle solamente che non alterano il centro di proiezione. (Chiamiamo trasformazioni lineari della quadrica in sé stessa quelle ch'essa subisce quando si operano trasformazioni lineari dello spazio che la sovrappongono a sé medesima). Divengono per tal modo identiche la trattazione proiettiva di un piano nel quale si fissino due punti come fondamentali e quella di una quadrica in cui se ne fissi uno. La prima – qualora si considerino anche gli elementi immaginari – non è altro che la trattazione del piano nel senso della geometria elementare. Infatti il gruppo principale di trasformazioni piane si compone appunto di quelle trasformazioni lineari che lasciano inalterata una coppia di punti (i punti ciclici). Otteniamo quindi in conclusione:

La geometria elementare del piano e la trattazione proiettiva di una quadrica con un suo punto come fondamentale sono la stessa cosa.

Tali esempi si potrebbero moltiplicare a piacere[14]; i due qui svolti furono scelti perché in seguito avremo ancora occasione di tornarvi sopra.

---

[13] Invece della conica nel piano possiamo introdurre, con egual successo, una cubica gobba, e in generale, nel caso di *n* dimensioni, qualcosa di analogo.

[14] Per altri esempi, come anche in particolare per le estensioni al caso di più dimensioni, di cui sono suscettibili quelli qui riportati, rinvio a quanto espongo in una mia Memoria: *Ueber Liniengeometrie und metrische Geometrie*. Math. Annalen, t. V, 2, come pure ai lavori di LIE che tosto citerò ancora.

§5. Dell'arbitrarietà nella scelta dell'elemento dello spazio. Principio di trasporto di HESSE. Geometria della retta

Come elemento della retta, del piano, dello spazio, e in generale di una varietà da esaminare possiamo prendere, in luogo del punto, qualunque forma contenuta nella varietà stessa: il gruppo di punti, eventualmente la curva, la superficie, ecc. (v. nota IV). Non essendovi a priori nulla affatto di fisso intorno al numero di parametri arbitrari da cui tali forme si vogliono far dipendere, la retta, il piano, lo spazio, ecc. appariranno, a seconda della scelta dell'elemento, come varietà a quante si vogliono dimensioni. *Ma fintanto che poniamo a base della trattazione geometrica uno stesso gruppo di trasformazioni, il contenuto della Geometria rimane inalterato*; ossia ogni teorema ottenuto adottando un certo elemento dello spazio è anche un teorema qualora se ne adotti un altro qualunque; si cambiano solamente l'ordine e il collegamento delle proposizioni.

L'essenziale è dunque il gruppo di trasformazioni; il numero di dimensioni che vogliamo attribuire alle varietà appare come qualcosa di secondario.

Collegando quest'osservazione al principio del paragrafo precedente, si ottiene una serie di belle applicazioni, alcune delle quali noi svilupperemo, perché tali esempi sembrano più adatti che ogni lunga spiegazione a stabilire il significato della considerazione generale.

La geometria proiettiva sulla retta (la teoria delle forme binarie) equivale, in forza del paragrafo precedente, alla geometria proiettiva sulla conica. Su quest'ultima consideriamo ora come elemento, in luogo del punto, la coppia di punti. Ma il complesso delle coppie di punti di una conica si può riferire al sistema delle rette del piano, facendo corrispondere ad ogni retta la coppia di punti in cui essa taglia la conica stessa. Mediante questa rappresentazione le trasformazioni lineari della conica in sé stessa danno luogo a quelle del piano (rigato) che la lasciano inalterata. Secondo il §2 è poi indifferente di considerare solo il gruppo di queste ultime trasformazioni, oppure il complesso di tutte quelle lineari del piano, aggiungendo volta per volta la conica data alle forme del piano che dobbiamo esaminare. Riunendo tutte queste considerazioni, abbiamo:

La teoria delle forme binarie e la geometria proiettiva del piano con una conica come fondamentale sono identiche.

E poiché infine, appunto per l'uguaglianza del gruppo, la geometria proiettiva del piano con una conica come fondamentale coincide colla geometria metrico-proiettiva che si può istituire nel piano sopra una conica (v. nota V), possiamo anche dire così:

La teoria delle forme binarie e la geometria metrico-proiettiva generale nel piano sono la stessa cosa.

In luogo della conica, nel piano potremmo introdurre nella considerazione precedente una cubica gobba nello spazio, ecc., ma non staremo a sviluppare questo concetto. La connessione qui stabilita fra la geometria del piano e poi dello spazio o di una varietà comunque estesa non costituisce essenzialmente altro che il principio di trasporto proposto da HESSE (Borchardt's Journal, Vol. 66).

Un esempio molto affine l'abbiamo nella geometria proiettiva dello spazio, ovvero, in altri termini, nella teoria delle forme quaternarie. Assumendo la retta come elemento dello spazio, e attribuendole, come si fa nella geometria della retta, sei coordinate omogenee, fra cui passa una relazione di condizione quadratica, le collineazioni e reciprocità dello spazio appaiono siccome quelle trasformazioni lineari delle sei variabili supposte indipendenti, che trasformano in sé stessa la relazione di condizione. Applicando considerazioni analoghe a quelle testé sviluppate, otteniamo da ciò la proposizione seguente:

La teoria delle forme quaternarie coincide colla determinazione metrica proiettiva in una varietà rappresentabile con sei variabili omogenee.

Per una più minuta esposizione di un tale concetto, rinvio ad una memoria che comparirà fra poco nei Math. Annalen (vol. VI) "*Ueber die sogenannte Nicht-Euklidische Geometrie [Zweite Abhandlung]*", come pure ad una nota al termine di quest'opuscolo (v. nota VI).

Aggiungerò alle spiegazioni precedenti altre due osservazioni, delle quali la prima è bensì già implicitamente contenuta nelle cose dette finora, ma vuol essere più sviluppata, perché l'argomento cui si riferisce va soggetto facilmente a malintesi.

Introducendo forme qualunque come elementi dello spazio, questo può acquistare quante si vogliano dimensioni. Ma se ci atteniamo al metodo di trattazione a noi più famigliare (quello elementare o quello proiettivo), allora il gruppo che dobbiamo assumere come fondamentale per la varietà a più dimensioni ci è dato a priori, ed è appunto rispettivamente il gruppo principale o quello delle trasformazioni proiettive. Volendone assumere un altro, dovremmo uscire risp. dall'intuizione elementare o da quella proiettiva. Adunque, se è vero che, mediante una scelta conveniente dell'elemento dello spazio, quest'ultimo può rappresentare varietà a quante si vogliano dimensioni, importa però anche di aggiungere che *con questa rappresentazione o bisogna mettere fin da prima un determinato gruppo a base della trattazione della varietà, ovvero, volendo disporre del gruppo, dobbiamo poi conformarvi la nostra intuizione geometrica.* – Senza quest'osservazione si potrebbe per es. cercare una rappresentazione della geometria della retta nel modo seguente. Alla retta si attribuiscono in quest'ultima sei coordinate; e altrettanti coefficienti ha la conica nel piano. Immagine della geometria della retta sarebbe dunque la geometria in un sistema di coniche separato dal complesso delle coniche di un piano mediante una relazione quadratica tra i coefficienti. Ciò sta bene finché poniamo come gruppo fondamentale della geometria piana il complesso dei mutamenti rappresentati dalle trasformazioni lineari dei coefficienti della conica, che trasformano in sé stessa la relazione di condizione quadratica. Ma se ci atteniamo alla trattazione elementare o a quella proiettiva della geometria piana, *non* abbiamo immagine *veruna*.

La seconda osservazione si riferisce alla nozione seguente. Sia dato nello spazio un gruppo qualunque, per es. il gruppo principale. Si scelga una qualche forma dello spazio, per es. un punto, una retta, o anche un ellissoide, ecc., e le si applichino tutte le trasformazioni del gruppo principale. Si ottiene così una varietà più volte estesa, con un numero di dimensioni uguale, in generale, a quello dei parametri arbitrari contenuti nel gruppo; inferiore però in casi particolari, quando cioè la forma scelta in origine abbia la proprietà di mutarsi in sé stessa mediante un numero infinito di trasformazioni del gruppo. Ad ogni varietà così generata diamo, in relazione al gruppo generatore il nome di *corpo*[15]. Ora se vogliamo considerare lo spazio secondo lo spi-

---

[15] Scelgo questo nome seguendo il DEDEKIND, il quale nella teoria dei numeri chiama "Corpo" un campo di numeri che risulti da elementi dati mediante date operazioni. (Seconda edizione delle Lezioni di DIRICHLET).

rito del gruppo, e nel tempo stesso assumere determinate forme come elementi dello spazio, senza che cose equivalenti in quel senso vengano rappresentate in modo diverso, *dovremo evidentemente scegliere gli elementi dello spazio in modo che la loro varietà costituisca essa stessa un corpo, ovvero possa decomporsi in corpi*[16]. Di quest'osservazione che risulta evidente sarà fatta più avanti (§9) un'applicazione. La nozione di corpo ricomparirà nell'ultimo paragrafo insieme ad altre affini.

RICHARD DEDEKIND (1831-1916)

---

[16] [Nel testo non si fa sufficientemente attenzione al fatto che il gruppo proposto può contenere dei cosiddetti sottogruppi *eccezionali*. Se una forma geometrica rimane inalterata nelle operazioni di un sottogruppo eccezionale, lo stesso ha luogo per tutte quelle che se ne ricavano mediante le operazioni del gruppo intero, ossia per tutte le forme del corpo che da essa risulta. Ora un corpo così costituito sarebbe affatto improprio a rappresentare le operazioni del gruppo. Non si deve dunque tener conto nel testo che dei corpi risultanti da elementi dello spazio i quali non si conservino inalterati in alcun sottogruppo eccezionale del gruppo proposto].

§6. Geometria dei raggi reciproci. Interpretazione di $x + iy$

Con questo paragrafo torniamo alla discussione dei diversi indirizzi d'investigazioni geometriche, che fu incominciata nei §§2 e 3.

Come analoga alle maniere di considerazioni della geometria proiettiva si può riguardare sotto molteplici aspetti una categoria di considerazioni geometriche, in cui si fa uso continuo delle trasformazioni per raggi reciproci. Vi appartengono le ricerche sulle così dette ciclidi e superficie anallagmatiche, sulla teoria generale dei sistemi ortogonali; inoltre ricerche sul potenziale, ecc. Se le considerazioni contenutevi non furono per anco, come le proiettive, riunite in una Geometria speciale, che *avrebbe allora per gruppo fondamentale il complesso dei mutamenti che risultano dalla composizione del gruppo principale colle trasformazioni per raggi reciproci,* questo bisogna certo attribuirlo al fatto causale, che le dette teorie non vennero finora esposte con connessione; ma i singoli autori che si occupano di questo ramo non saranno stati lungi da una tale considerazione metodica.

Il confronto fra questa geometria dei raggi reciproci e la proiettiva si presenta da sé, appena si domandi un paragone; e perciò qui richiameremo solo l'attenzione affatto in generale sui punti seguenti:

Nella geometria proiettiva i concetti elementari sono quelli di punto, di retta, di piano. Il cerchio e la sfera sono solo casi particolari della conica e della quadrica. L'infinito della geometria elementare appare siccome un piano; la forma fondamentale a cui si riferisce la geometria stessa è una conica immaginaria all'infinito.

Nella geometria dei raggi reciproci i concetti elementari sono punto, cerchio, sfera. Retta e piano sono casi particolari di questi ultimi, caratterizzati dal fatto di contenere un certo punto – quello all'infinito – che del resto, secondo lo spirito di quel metodo, non è ulteriormente distinto dagli altri. La geometria elementare sorge allorquando ci immaginiamo questo punto come fisso.

La geometria dei raggi reciproci è suscettibile di una rappresentazione che l'avvicina alla teoria delle forme binarie e alla geometria della retta, qualora si sviluppi questa nel modo indicato dal paragrafo precedente. A tale scopo restringeremo la considerazione anzitutto alla geometria piana, e per conseguenza alla geometria dei raggi reciproci nel piano[17].

Si è già considerata la connessione che esiste fra la geometria elementare del piano e la geometria proiettiva su di una quadrica in cui si sia distinto un punto. Astraendo da quest'ultimo, e studiando quindi la geometria proiettiva sulla superficie a sé, si ha un'immagine della geometria dei raggi reciproci nel piano. Infatti è facile persuadersi[18] che, in virtù della rappresentazione della quadrica, al gruppo di trasformazioni per raggi reciproci nel piano corrisponde il complesso delle trasformazioni lineari di quella quadrica in sé medesima. Abbiamo dunque:

La geometria dei raggi reciproci nel piano e la geometria proiettiva su di una quadrica sono la stessa cosa; ed in modo affatto analogo:

La geometria dei raggi reciproci nello spazio si identifica colla trattazione proiettiva di una varietà rappresentata da un'equazione omogenea di secondo grado fra cinque variabili.

La geometria dello spazio è messa dunque, mediante quella dei raggi reciproci, in relazione con una varietà a quattro dimensioni, nello stesso modo in cui [mediante la geometria proiettiva] è messa con altra a cinque dimensioni.

La geometria dei raggi reciproci nel piano – finché si vogliono considerare solo le trasformazioni *reali* – permette di fare anche da un altro lato una rappresentazione ed applicazione interessante. Infatti, distendendo una variabile complessa $x+iy$ nel piano al modo solito, alle sue trasformazioni lineari corrisponde il gruppo dei raggi reciproci, colla detta restrizione alla realtà[19]. Ma lo studio delle funzioni di una variabile complessa, supposta soggetta a trasformazioni lineari arbi-

---

[17] La geometria dei raggi reciproci sulla retta è equivalente alla trattazione proiettiva di quest'ultima, essendo le relative trasformazioni le stesse. Anche nella geometria dei raggi reciproci si può quindi parlare del *doppio rapporto* di quattro punti di una retta, e poi di un cerchio.

[18] V. il lavoro già citato: "*Ueber Liniengeometrie und metrische Geometrie*". Math. Annalen, Bd. V.

[19] [Il modo di esprimersi nel testo non è esatto. Alle trasformazioni lineari $z' = \dfrac{\alpha z + \beta}{\gamma z + \delta}$

(in cui $z'=x'+iy'$, $z=x+iy$) corrispondono quelle sole operazioni del gruppo dei raggi reciproci, nelle quali non ha luogo alcun rovesciamento degli angoli (in cui i due punti ciclici del piano non si scambiano tra di loro). Volendo abbracciare il gruppo complessivo dei raggi reciproci, bisogna considerare, accanto alle trasformazioni menzionate, anche le altre (non meno importanti)

$z' = \dfrac{\alpha \bar{z} + \beta}{\gamma \bar{z} + \delta}$, in cui di nuovo $z'=x'+iy'$, ma $\bar{z}=x-iy$.]

trarie, non è altro che ciò che, in un modo d'esposizione un poco diverso, si chiama teoria delle forme binarie. Dunque:

La teoria delle forme binarie trova la sua rappresentazione nella geometria dei raggi reciproci del piano reale, e precisamente in modo che anche i valori complessi delle variabili vi vengono rappresentati.

Dal piano possiamo ora salire alla quadrica, per riescire nell'abituale cerchia di vedute delle trasformazioni proiettive. Siccome noi consideravamo soli elementi reali del piano, non sarà più indifferente la scelta della quadrica, la quale evidentemente non dovrà essere rigata. In particolare possiamo assumere una sfera – come si fa anche del resto per l'interpretazione di una variabile complessa – e otteniamo per tal modo la proposizione seguente:

La teoria delle forme binarie a variabili complesse trova la sua rappresentazione nella geometria proiettiva della superficie sferica reale.

Non ho potuto rifiutarmi di esporre altresì in una nota (v. nota VII) come questa rappresentazione dilucidi bene la teoria delle forme binarie cubiche e biquadratiche.

§7. Estensione delle cose precedenti. Geometria delle sfere di LIE

La teoria delle forme binarie, la geometria dei raggi reciproci e la geometria della retta, che furono coordinate negli scorsi paragrafi e appaiono diverse solo pel numero delle variabili, sono suscettibili di talune estensioni che adesso andremo esponendo. Esse devono contribuire a chiarire con nuovi esempi il concetto, che il gruppo il quale stabilisce la maniera di trattare campi dati può essere esteso a piacimento; aggiungasi poi particolarmente l'intenzione di stabilire, nel loro rapporto con queste riflessioni, talune considerazioni contenute in una recente Memoria del LIE[20]. La via per cui noi giungeremo alla geometria delle sfere di LIE differisce alquanto da quella battuta da quest'ultimo, in quanto che egli si appoggia a nozioni di geometria della retta, mentre noi, per attenerci maggiormente all'intuizione geometrica ordinaria e connetterci a quanto precede, assumiamo per la spiegazione relativa un numero inferiore di variabili. Le considerazioni, come già lo stesso LIE ha messo in evidenza (Göttinger Nachrichten, 1871, N. 7, 22), sono indipendenti dal numero delle variabili. Esse appartengono alla gran cerchia di investigazioni che si occupano dello studio in via proiettiva di equazioni di secondo grado a quante si vogliano variabili, ricerche a cui già spesso abbiamo accennato, e che incontreremo ancora più volte (v. §10 ed altri).

Io parto dalla connessione che può stabilirsi fra il piano reale e la superficie sferica mediante la proiezione stereografica. Già nel § 5 abbiamo riferite fra loro la geometria del piano e quella della conica, facendo corrispondere ad ogni retta del piano la coppia di punti in cui essa taglia la conica medesima. In modo analogo possiamo stabilire una connessione fra la geometria dello spazio e quella della sfera, facendo corrispondere ad ogni piano dello spazio il cerchio in cui esso sega la sfera. Trasportando poi la geometria della sfera da questa al piano mediante la proiezione stereografica, con che ogni cerchio si trasforma in un cerchio, vengono così a corrispondersi:

---

[20] *Partielle Differentialgleichungen und Complexe.* Math. Annalen, Bd. V.

la geometria dello spazio – che adopera come elemento il piano, come gruppo quelle trasformazioni lineari che lasciano inalterata una sfera;

la geometria piana – avente per elemento il cerchio e per gruppo quello dei raggi reciproci.

Vogliamo ora generalizzare da due lati la prima di queste geometrie, sostituendo al suo gruppo un altro più ampio. L'estensione che ne risulterà si potrà poi senz'altro trasportare alla geometria piana mediante quella rappresentazione.

In luogo delle trasformazioni lineari dello spazio di piani che mutano in sé stessa la sfera, possiamo, senza discostarcene molto, scegliere o l'insieme delle trasformazioni lineari dello spazio, ovvero il complesso delle trasformazioni di piani che [in un senso che va ancora precisato] lasciano inalterata la sfera; astraendo con ciò, l'una volta dalla sfera, l'altra dal carattere lineare delle trasformazioni da applicarsi. La prima generalizzazione si comprende senz'altro, e per questo la considereremo subito, studiandone il significato per la geometria piana; sulla seconda ritorneremo dopo, trattandosi allora di determinare anzitutto la trasformazione più generale che le corrisponde.

Le trasformazioni lineari dello spazio hanno comune la proprietà di mutare fasci e stelle di piani rispettivamente in fasci e in stelle. Ma, trasportato sulla sfera, il fascio di piani dà un fascio di cerchi, ossia una serie semplicemente infinita di cerchi che si tagliano negli stessi punti. La stella di piani dà una stella di cerchi, ossia un sistema di cerchi in numero doppiamente infinito, che tagliano ortogonalmente un cerchio fisso – quello, il cui piano ha per polo il centro della stella di piani. Alle trasformazioni lineari dello spazio corrispondono dunque sulla sfera, e quindi nel piano, trasformazioni di cerchi aventi la proprietà caratteristica di mutare fasci e stelle di cerchi rispettivamente in sistemi della stessa natura[21]. *La geometria piana che adopera il gruppo delle trasformazioni così ottenute è l'immagine dell'ordinaria geometria proiettiva dello spazio.* Come elemento del piano non potremo prendere in questa geometria il punto, perché i punti, rispetto a quel gruppo di tra-

---

[21] Queste trasformazioni sono considerate occasionalmente nell'"*Ausdehnungslehre*" del GRASSMANN (ediz. del 1862, pag. 278).

sformazioni, non formano un corpo (§5); sceglieremo invece come elementi i cerchi.

Nella seconda estensione che abbiamo detta bisogna anzitutto rispondere alla domanda sulla natura del corrispondente gruppo di trasformazioni. Si tratta di trovare trasformazioni di piani tali che ogni [fascio di piani coll'asse tangente alla] sfera dia luogo ad un [altro fascio] similmente posto. Per brevità d'espressione possiamo dapprima trasformare la questione per dualità, e inoltre discendere di un passo nel numero delle dimensioni; cercheremo quindi quali siano quelle trasformazioni puntuali (cioè di punti) nel piano, che ad ogni tangente di una data conica fanno corrispondere un'altra tangente di questa. A tale scopo consideriamo il piano colla sua conica come immagine di una quadrica proiettata da un punto dello spazio che non si trovi su di essa, per modo che quella conica rappresenti la curva di passaggio. Alle tangenti della conica corrisponderanno le generatrici della quadrica, e la questione proposta sarà ridotta a quest'altra: quale sia il complesso delle trasformazioni puntuali della quadrica in sé stessa, in cui le generatrici rimangono tali.

Ora di tali trasformazioni ve ne sono tante quante si vuole; infatti basta considerare il punto della superficie come intersezione delle generatrici dei due sistemi, e trasformare poi in sé stesso ciascuno di questi in un modo qualunque. Ma fra queste trasformazioni vi sono in particolare quelle lineari, e a queste solo vogliamo badare. E ciò perché se non avessimo a che fare con una superficie, ma con una varietà a più dimensioni rappresentata da un'equazione di secondo grado, resterebbero le sole trasformazioni lineari, e le altre scomparirebbero[22].

Queste trasformazioni lineari della superficie in sé stessa trasportate nel piano per proiezione (non stereografica) danno una trasformazione puntuale doppia, in forza della quale ad ogni tangente alla conica di passaggio corrisponde bensì di nuovo una tangente a questa, ma ad ogni altra retta corrisponde in generale una conica che ha un

---

[22] Proiettando stereograficamente la varietà, si ottiene il noto teorema: In varietà a più dimensioni (e già nello spazio) non vi sono altre trasformazioni conformi di punti, all'infuori di quelle comprese nel gruppo dei raggi reciproci. Nel piano invece ve ne sono quante se ne vogliono di altre. Cfr. anche i citati lavori di LIE.

doppio contatto colla curva di passaggio. Questo gruppo di trasformazioni si può caratterizzare in modo molto conveniente, istituendo una determinazione metrica proiettiva basata sulla conica di passaggio. Le trasformazioni hanno allora la proprietà di mutare punti aventi, nel concetto di quella determinazione metrica, distanza nulla, ovvero punti aventi distanza costante da un altro punto fisso, in altri per cui si verifica la stessa proprietà.

Tutte queste considerazioni si possono trasportare al caso di quante si vogliano variabili; valgono quindi in particolare per la questione posta da principio e relativa alla sfera e al piano come elemento. Al risultato si può dare una forma particolarmente intuitiva, perché l'angolo di due piani nella determinazione metrica proiettiva basata sopra di una sfera è uguale a quello (nel senso ordinario) dei cerchi secondo cui essi intersecano la sfera medesima.

Otteniamo quindi sulla sfera, e di qua sul piano, un gruppo di trasformazioni di cerchi aventi la proprietà di *trasformare cerchi tangenti (ad angolo nullo) e cerchi che ne tagliano uno fisso sotto uno stesso angolo rispettivamente in cerchi che si trovano nelle medesime condizioni.* Nel gruppo di queste trasformazioni sono comprese quelle lineari per la sfera e quelle dei raggi reciproci nel piano[23].

---

[23] [Le considerazioni del testo potrebbero rendersi essenzialmente più chiare aggiungendovi talune formule analitiche. Sia

$$x_1^2 + x_2^2 + x_3^2 + x_4^2 = 0,$$

l'equazione, nelle ordinarie coordinate tetraedriche, della sfera che riferiamo stereograficamente al nostro piano. Le x soggette a questa relazione di condizione acquistano allora per noi il significato di coordinate tetracicliche nel piano, e

$$u_1 x_1 + u_2 x_2 + u_3 x_3 + u_4 x_4 = 0,$$

diventa l'equazione generale del cerchio nel piano. Calcolando il raggio del cerchio così rappresentato, si viene ad incontrare la radice quadrata

$$\sqrt{u_1^2 + u_2^2 + u_3^2 + u_4^2},$$

che indicheremo con iu_5. Possiamo ora considerare i cerchi come elementi del piano. Il gruppo dei raggi reciproci si presenta allora come il complesso delle trasformazioni lineari omogenee di $u_1 u_2 u_3 u_4$ in cui $u_1^2+u_2^2+u_3^2+u_4^2$ si cambia in un proprio multiplo. Invece il gruppo più esteso che corrisponde alla geometria delle sfere di LIE si compone delle trasformazioni lineari delle *cinque* variabili $u_1 u_2 u_3 u_4 u_5$ che mutano $u_1^2+u_2^2+u_3^2+u_4^2+u_5^2$ in un multiplo di se stesso].

Ora la geometria dei cerchi che si può fondare su questo gruppo è l'analoga della *geometria delle sfere*, che LIE ha delineata per lo spazio, e che appare di segnalata importanza per le ricerche sulla curvatura delle superficie. Essa comprende la geometria dei raggi reciproci nello stesso senso in cui questa comprende a sua volta la geometria elementare.

Le trasformazioni circolari (sferiche) ora studiate hanno in particolare la proprietà di trasformare cerchi (sfere) tangenti in altri pure tangenti. Se consideriamo tutte le curve (superficie) come inviluppi di cerchi (sfere), ne segue che due curve (superficie) tangenti verranno sempre trasformate in altre che si troveranno nelle stesse condizioni. Le trasformazioni in questione appartengono dunque alla categoria, che considereremo più innanzi in generale, delle *trasformazioni di contatto*, cioè delle trasformazioni tali che il contatto tra forme costituite da punti è una proprietà invariantiva. Le trasformazioni circolari menzionate per le prime in questo paragrafo, accanto alle quali se ne possono porre di analoghe per le sfere, non sono trasformazioni di contatto.

Le due sorta di estensioni che abbiamo collegate soltanto alla geometria dei raggi reciproci valgono anche in modo analogo per la geometria della retta, e in generale per lo studio proiettivo di una varietà separata mediante un'equazione di secondo grado, come già abbiamo accennato, né qui ne tratteremo più a lungo.

§8. Enumerazione di metodi ulteriori che hanno a fondamento un gruppo di trasformazioni puntuali

La geometria elementare, quella dei raggi reciproci, ed anche la geometria proiettiva, astraendo dalle trasformazioni reciproche che portano con sé un cambio nell'elemento dello spazio, sono tutte comprese come singole parti nella gran moltitudine immaginabile di maniere di trattazione che pongono a fondamento in generale gruppi di trasformazioni puntuali. Metteremo qui in evidenza solo i tre metodi seguenti, che in ciò coincidono con quelli nominati. Benché questi metodi siano ancora ben lungi dall'essere sviluppati in discipline indipendenti come la geometria proiettiva, pure essi compaiono, chiaramente riconoscibili, nelle ricerche più recenti[24].

1. Gruppo delle trasformazioni razionali

Nelle trasformazioni razionali bisogna distinguer bene se queste sono razionali per *tutti* i punti del campo in cui si opera, e quindi dello spazio, del piano, ecc. oppure solo per i punti di una varietà contenuta nel campo stesso, ad es. di una superficie, di una curva. Solo le prime sono da applicarsi quando si tratta di delineare, nel senso inteso finora, una geometria dello spazio o del piano: le altre acquistano importanza sotto il punto di vista qui dato solo quando deve essere studiata la geometria su di una data superficie o curva. La stessa distinzione vale per l'*Analysis situs*, di cui tosto tratteremo.

Però le ricerche fatte finora, qui e là, si sono occupate essenzialmente di trasformazioni della seconda specie. Tali ricerche escono dal campo di quelle che qui dobbiamo considerare, la questione lì non essendo relativa alla geometria sulla superficie o sulla curva, ma trattandosi piuttosto di trovare criteri per cui due superficie o curve potessero

---

[24] [Mentre negli esempi dati fin qui si trattava di gruppi con un numero finito di parametri, ora compaiono nelle considerazioni del testo dei così detti gruppi infiniti].

essere trasformate l'una nell'altra[25]. Lo schema generale che in questo lavoro si stabilisce non abbraccia già in massima il complesso di tutte le ricerche matematiche, ma riunisce solamente certi indirizzi sotto un punto di vista comune.

Per una geometria delle trasformazioni razionali, quale dovrebbe ottenersi ponendo le trasformazioni della prima specie come fondamentali, esistono finora solo i principi. Nelle forme di prima specie, sulla punteggiata ad es., le trasformazioni razionali sono identiche alle lineari, e non danno perciò nulla di nuovo. Nel piano si conosce bensì il complesso delle trasformazioni razionali (le trasformazioni *Cremoniane*), e si sa che si ottengono mediante composizioni di quelle quadratiche. Si conoscono anche caratteri invariantivi delle curve piane; il loro genere, l'esistenza dei moduli; ma tali considerazioni non furono ancora svolte propriamente in una geometria del piano nel senso qui inteso. Nello spazio l'intera teoria è appena al suo sorgere: delle trasformazioni razionali se ne conoscono finora solo poche, e queste si adoperano per mettere in relazione, mediante la rappresentazione, superficie note con altre ignote.

2. Analysis situs

Nella così detta *Analysis situs* si cerca ciò che rimane in seguito a mutamenti risultanti dalla composizione di deformazioni infinitesime. Anche qui, come già si è detto, bisogna distinguere se dobbiamo suppor-

---

[25] [Da un altro lato esse trovano posto di nuovo e benissimo fra le considerazioni del testo, cosa che nel 1872 non mi era ancor nota. Data una forma algebrica qualunque (curva o superficie, ecc.), la si trasporti in uno spazio superiore, introducendo come coordinate i rapporti

$$\varphi_1 : \varphi_2 : \dots : \varphi_p$$

dei relativi integrandi di prima specie. In questo spazio non abbiamo allora che da mettere semplicemente a base della considerazione ulteriore il gruppo delle trasformazioni lineari omogenee delle φ. Vedi diversi lavori dei sig.i BRILL, NÖTHER e WEBER, come pure la mia recente Memoria: *Zur Theorie der Abel'schen Functionen*, nel vol. 36 dei Math. Annalen].

re oggetto della trasformazione tutto il campo, quindi ad es. lo spazio, o solo una varietà in esso contenuta, per es. una superficie. Le trasformazioni della prima specie sono quelle che si potrebbero mettere a base di una geometria dello spazio. Il loro gruppo sarebbe costituito in modo essenzialmente diverso da quelli considerati finora. Abbracciando tutte quelle variazioni che si compongono mediante trasformazioni puntuali infinitamente piccole supposte reali, il gruppo stesso porta con sé per principio la restrizione ad elementi reali dello spazio, e ci conduce nel campo della funzione arbitraria. Si può estendere in modo conveniente questo gruppo di trasformazioni, collegandolo ancora alle collineazioni reali che modificano anche gli elementi all'infinito.

3. Gruppo di tutte le trasformazioni puntuali

Quantunque rispetto a questo gruppo nessuna superficie possegga più proprietà particolari, potendo una qualunque, con trasformazioni di esso, dar luogo ad ogni altra, vi sono tuttavia forme più elevate, nel cui studio questo gruppo trova applicazione vantaggiosa. Nella trattazione della geometria che qui è posta a fondamento può essere indifferente che queste forme finora siano state considerate, non tanto come geometriche, ma solo come forme analitiche le quali trovarono per caso applicazione geometrica, e che nel loro studio si siano usati processi (come appunto trasformazioni puntuali arbitrarie) che solo negli ultimi tempi si sono cominciati a considerare come trasformazioni geometriche. Tra queste forme analitiche vi sono anzitutto le espressioni differenziali omogenee, e subito dopo anche le equazioni alle derivate parziali. Nella discussione generale di queste sembra però, come verrà esposto nel paragrafo seguente, che il gruppo più esteso costituito da tutte le trasformazioni di contatto sia ancora più vantaggioso.

Il teorema principale che sussiste nella geometria basata sul gruppo di tutte le trasformazioni puntuali è che *una trasformazione puntuale per una porzione infinitesima dello spazio è sempre equivalente ad una trasformazione lineare*. Le teorie della geometria proiettiva ricevono così applicazione all'infinitesimo, e *in ciò riposa* – sia pur arbitraria la scelta del gruppo nella trattazione della varietà – *un carattere distintivo della trattazione proiettiva*.

Ed ora, dopo che già da lungo tempo più non parlavamo del rapporto di trattazioni, i cui gruppi fondamentali si comprendono a vicenda, daremo qui un nuovo esempio della teoria generale del §2. Proponiamoci la questione, come debbansi concepire le proprietà proiettive dal punto di vista di "tutte le trasformazioni puntuali", astraendo in ciò dalle trasformazioni reciproche, che veramente appartengono pure al gruppo della geometria proiettiva. La questione coincide allora con quest'altra: con quale condizione dal complesso delle trasformazioni puntuali si possa separare il gruppo di quelle lineari. Caratteristica di queste si è di far corrispondere ad ogni piano un piano; esse sono quelle trasformazioni puntuali mediante cui si conserva la varietà dei piani (ovvero, il che fa lo stesso, delle rette). *La geometria proiettiva si ottiene dunque da quella di tutte le trasformazioni puntuali coll'aggiunta della varietà dei piani, nello stesso modo in cui la geometria elementare si ha dalla proiettiva mediante l'aggiunta del cerchio immaginario all'infinito*. In particolare, dal punto di vista di tutte le trasformazioni puntuali, dobbiamo concepire per es. la designazione di una superficie quale algebrica e di un certo ordine come una relazione invariantiva rispetto alla varietà dei piani. Questo diventa ben chiaro quando, seguendo il GRASSMANN, si deriva la generazione delle forme algebriche dalla loro costruzione lineare.

§9. Sul gruppo di tutte le trasformazioni di contatto

A dir vero le trasformazioni di contatto furono già da lungo tempo considerate in casi particolari; anche JACOBI fece già uso di quelle più generali in ricerche analitiche; ma nella vera intuizione geometrica esse furono introdotte soltanto con recenti lavori del LIE[26]. Non è perciò punto superfluo di spiegare qui espressamente cosa sia una trasformazione di contatto; e in questo, come sempre, ci limiteremo allo spazio punteggiato colle sue tre dimensioni.

Per trasformazione di contatto deve intendersi, analiticamente parlando, qualunque sostituzione capace di esprimere i valori delle variabili x, y, z e le loro derivate parziali

$$\frac{dz}{dx} = p, \quad \frac{dz}{dy} = q$$

mediante nuove x', y', z', p', q'. Allora è evidente che superficie tangenti si trasformano in generale di nuovo in superficie tangenti, il che dà ragione del nome di trasformazioni di contatto. Partendo dal punto come elemento dello spazio, le trasformazioni di contatto si dividono in tre classi; quelle che ai punti, in numero triplicemente infinito, fanno corrispondere ancora punti, – e queste sono le trasformazioni puntuali testé considerate –, quelle che li trasformano in curve, e finalmente quelle che li mutano in superficie. Questa divisione non deve considerarsi come essenziale, in quanto che, usando per lo spazio altri elementi, pure in numero tre volte infinito, per es. i piani, si presenta bensì ancora una divisione in tre gruppi, la quale però non coincide con quella che aveva luogo in base alla considerazione dei punti.

Applicando ad un punto tutte le trasformazioni di contatto, esso dà luogo al complesso di tutti i punti, curve e superficie. Punti, curve, superficie formano dunque tutti assieme un corpo del nostro gruppo. Da

---

[26] Vedi il lavoro già citato: *Ueber partielle Differentialgleichungen und Complexe*, Math. Annalen, Bd. V. — Quanto dico nel testo relativamente alle equazioni alle derivate parziali l'ho desunto essenzialmente da comunicazioni orali del LIE. Vedi la nota di lui: *Zur Theorie partieller Differentialgleichungen*, Göttinger Nachrichten, Oct, 1872.

ciò possiamo desumere la regola generale, che la trattazione formale di un problema in relazione a tutte le trasformazioni di contatto (e quindi per es. la teoria delle equazioni alle derivate parziali che tosto accenneremo) deve restare incompiuta finché si opera con sole coordinate di punti (o di piani), poiché gli elementi dello spazio posti a fondamento non costituiscono punto un corpo.

Non è possibile però, volendo restare in connessione coi metodi ordinari, di introdurre come elementi dello spazio tutti gli individui contenuti nel detto corpo, essendo il loro numero infinite volte infinito. Da ciò la necessità di introdurre in tali considerazioni come *elemento dello spazio*, non già il punto, la curva o la superficie, ma l'*elemento superficiale*, ossia il sistema di valori di x, y, z, p, q. In qualunque trasformazione di contatto da ogni elemento superficiale se ne ha un altro; tali elementi, in numero cinque volte infinito, formano dunque un corpo.

Sotto questo punto di vista bisogna concepire egualmente il punto, la curva e la superficie come aggregati di elementi superficiali, e precisamente in numero due volte infinito. Infatti la superficie vien ricoperta da ∞^2 di tali elementi, la curva toccata da altrettanti, e altrettanti ne passano per il punto. Ma questi aggregati di ∞^1 elementi hanno comune ancora una proprietà caratteristica. Si chiami *posizione unita* di due elementi superficiali consecutivi x, y, z, p, q e $y+dy, z+dz, p+dp, q+dq$, la relazione rappresentata da

$$dz - pdx - qdy = 0.$$

Allora il punto, la curva e la superficie sono tutti egualmente *varietà ad ∞^2 elementi, di cui ciascuno giace in posizione unita cogli ∞^1 suoi vicini*. Per tal modo punto, curva, superficie sono caratterizzati in una stessa maniera, e così devono anche essere rappresentati analiticamente, se si vuol assumere come fondamentale il gruppo delle trasformazioni di contatto.

La posizione unita di elementi consecutivi è una relazione invariantiva per qualunque trasformazione di contatto. Anche reciprocamente però le trasformazioni di contatto possono definirsi siccome *quelle sostituzioni delle cinque variabili x, y, z, p, q, mediante cui la relazione $dz-pdx-qdy = 0$ viene trasformata in sé stessa*. In tali ricerche adunque lo spazio deve considerarsi come una varietà a cinque dimensioni, varietà da trattarsi prendendo per gruppo fondamentale il complesso di tutte le trasformazioni delle variabili che lasciano inalterata una relazione determinata fra i differenziali.

Saranno in primo luogo oggetto dello studio quelle varietà che si rappresentano con una o più equazioni fra le variabili, ossia *le equazioni alle derivate parziali di primo ordine ed i loro sistemi*. Una questione capitale si è quella, in qual modo dalle varietà di elementi che soddisfanno a date equazioni si possano separare serie semplicemente o doppiamente infinite di elementi, di cui ciascuno sia in posizione unita con un vicino. A una tale questione si riduce per es. il problema della risoluzione di un'equazione alle derivate parziali di primo ordine. Possiamo formularlo così: Fra gli ∞^4 elementi che verificano l'equazione separare tutte le varietà a due dimensioni della detta specie. In particolare, il problema della soluzione completa assume ora questa forma precisa: eseguire una ripartizione degli ∞^4 elementi che verificano l'equazione in un numero doppiamente infinito di siffatte varietà.

Qui non può essere nostra intenzione di proseguire tale considerazione sulle equazioni alle derivate parziali; a questo proposito rinvio ai citati lavori del LIE. Metteremo solo ancora in evidenza che, sotto il punto di vista delle trasformazioni di contatto, un'equazione alle derivate parziali di primo ordine non ha invarianti, che ciascuna può essere trasformata in ogni altra, e che quindi in particolare le equazioni lineari non hanno nulla di speciale. Differenze si introducono solo quando si ritorna al punto di vista delle trasformazioni puntuali.

I gruppi delle trasformazioni di contatto, di quelle puntuali ed infine delle trasformazioni proiettive sono caratterizzabili in un modo unico che qui non posso omettere[27]. Le trasformazioni di contatto si sono definite siccome quelle in cui si conserva la posizione unita di elementi superficiali consecutivi. Le trasformazioni puntuali hanno invece la proprietà caratteristica di mutare elementi lineari consecutivi in posizione unita in altrettali: e finalmente le collineazioni e le reci-

---

[27] Queste definizioni le devo a un'osservazione di LIE.

procità conservano la posizione unita di elementi di connesso consecutivi. Intendiamo per "elemento di connesso" l'unione di un elemento superficiale con uno lineare in esso contenuto; ed elementi di connesso consecutivi si diranno in posizione unita quando non solo il punto, ma anche l'elemento lineare dell'uno è contenuto in quello superficiale dell'altro. La denominazione (del resto provvisoria) di "elemento di connesso" si riferisce alle forme recentemente introdotte da CLEBSCH nella Geometria[28], che si rappresentano mediante un'equazione contenente nel tempo stesso serie di coordinate di punti, di piani e di rette, ed i cui analoghi nel piano CLEBSCH chiama "connessi".

Sophus Lie (1842-1899)

---

[28] Gött. Abhandlungen, 1872 (Bd. 17): *Ueber eine Fundamentalaufgabe der Invariantentheorie*, come pure: Gött. Nachrichten, 1872, Nr. 22: *Ueber ein neues Grundgebilde der analytischen Geometrie des Raumes*.

§10. Sulle varietà a quante si vogliano dimensioni

Già più volte abbiamo notato che, nel collegare le spiegazioni date finora alla concezione dello spazio, noi non avevamo altro scopo che di poter più facilmente svolgere i concetti astratti coll'appoggiarci ad esempi visibili. Per sé, le considerazioni sono indipendenti dalla figura sensibile, e appartengono al campo generale di ricerche matematiche, che si chiama teoria delle varietà estese, o brevemente (secondo il GRASSMANN) scienza dell'estensione (*Ausdehnungslehre*). È evidente in qual modo si debba riportare quanto precede dallo spazio al puro concetto di varietà. Ed osserviamo qui ancora una volta che nella ricerca astratta abbiamo, rispetto alla geometria, il vantaggio di poter scegliere affatto ad arbitrio il gruppo di trasformazioni che vogliamo assumere come fondamentale, mentre nella geometria era dato a priori un gruppo assai ristretto, il gruppo principale.

Accenneremo qui ancora solo, ed anche assai brevemente, ai tre metodi di trattazione seguenti.

1. Trattazione proiettiva, ovvero algebra moderna. (Teoria degli invarianti)

Il suo gruppo si compone del complesso delle trasformazioni lineari e reciproche delle variabili usate per la rappresentazione dell'elemento nella varietà; essa è la generalizzazione della geometria proiettiva. Già si è rilevato come questa specie di trattazione possa applicarsi alla discussione dell'infinitesimo in una varietà con una dimensione di più. Essa comprende le due specie di trattazione che ancora dobbiamo menzionare, in quanto che il suo gruppo abbraccia i gruppi fondamentali di queste.

2. Varietà a curvatura costante

Il concetto di una tale varietà sorse in RIEMANN, derivando da quello più generale di una varietà in cui è data un'espressione differenziale delle variabili. Il gruppo consiste per lui nell'insieme delle trasformazioni delle variabili che lasciano inalterata l'espressione proposta. Alla rappresentazione di una varietà a curvatura costante si giunge da un altro lato, qualora si istituisca una determinazione metrica nel senso proiettivo basata su di una data equazione di secondo grado fra le variabili. In questo modo si introduce un'estensione, di fronte al modo del RIEMANN; in quanto che le variabili si suppongono complesse; però si può poi restringere la variabilità al campo reale. A questo ramo appartiene la gran serie di ricerche che abbiamo accennate nei §§ 5, 6, 7.

3. Varietà piana

Varietà piana è chiamata dal RIEMANN quella a curvatura costante e nulla. La sua teoria è l'immediata generalizzazione della geometria elementare. Il suo gruppo, – come il gruppo principale della geometria –, può esser separato da quello della geometria proiettiva col tener fissa una forma rappresentata da due equazioni, una di secondo ed una di primo grado. In ciò si deve poi far distinzione fra reale e immaginario, qualora si voglia attenersi alla forma sotto cui la teoria viene di solito esposta. Qui sono da porsi anzitutto la geometria elementare stessa, poi per es. le generalizzazioni dell'ordinaria teoria della curvatura sviluppate negli ultimi tempi, ecc.

BERNHARD RIEMANN (1826-1866)

Osservazioni finali

Per finire, potremo fare ancora due osservazioni, le quali sono in istretta relazione con quanto si è esposto finora; l'una si riferisce al formalismo con cui si debbono rappresentare gli sviluppi relativi alle cose precedenti; l'altra deve porre in evidenza alcuni problemi, la cui considerazione dopo le spiegazioni che qui furon date appare importante e vantaggiosa.

Spesso si è fatto alla geometria analitica il rimprovero di avvantaggiare elementi arbitrari coll'introduzione del sistema di coordinate, e questo rimprovero colpisce parimente tutte le trattazioni di varietà estese che caratterizzano l'elemento mediante i valori di certe variabili. Se un tale rimprovero era troppo spesso giustificato dal modo difettoso con cui, specialmente in principio, si maneggiava il metodo delle coordinate, esso però vien meno dinanzi ad una trattazione razionale del metodo stesso. Le espressioni analitiche che possono sorgere nello studio di una varietà in relazione ad un certo gruppo, devono essere, per quel che riguarda il loro significato, indipendenti dal sistema di coordinate, in quanto che questo è scelto a caso, e si tratta quindi di render evidente anche nella forma tale indipendenza. Che ciò sia possibile, e come s'abbia a fare, lo mostra l'algebra moderna, in cui la nozione formale di invariante, di cui qui si tratta, sta impressa in una maniera più chiara che mai. Essa possiede una legge di formazione generale e completa delle espressioni invariantive, ed opera per principio con queste sole. La stessa questione deve porsi nella trattazione formale anche quando si hanno gruppi fondamentali diversi dal proiettivo[29]. Poiché il formalismo deve identificarsi colla concezione, sia che si voglia considerarlo solo come espressione precisa e chiara di quest'ultima, sia che vogliamo servircene per penetrare col suo mezzo in campi inesplorati.

Per stabilire i problemi di cui vogliamo ancora far menzione occorre un confronto fra le osservazioni esposte e la così detta teoria delle equazioni di GALOIS.

---

[29] [Ad esempio pel gruppo delle rotazioni dello spazio a tre dimensioni intorno ad un punto fisso i quaternioni forniscono un tale formalismo].

Nella teoria di GALOIS, come anche qui, l'importanza si concentra nei *gruppi* di mutamenti. Gli oggetti a cui si riferiscono i mutamenti sono bensì differenti; là si ha da fare con un numero finito di elementi discreti, qui invece col numero infinito degli elementi di una varietà continua. Ma possiamo tuttavia spinger oltre il confronto, a motivo dell'identità della nozione di gruppo[30]; e qui conviene accennarvi, tanto più che ne verrà caratterizzata la posizione da attribuirsi a talune ricerche incominciate da LIE e da me[31] in relazione alle considerazioni qui svolte.

Nella teoria del GALOIS, quale viene esposta per es. nel *Traité d'Algèbre supérieure* del SERRET, oppure nel *Traité des substitutions* di C. JORDAN, è oggetto proprio della ricerca la teoria stessa dei gruppi o delle sostituzioni, e quella delle equazioni ne scaturisce come un'applicazione. Analogamente noi vogliamo una *teoria delle trasformazioni*, una dottrina cioè dei gruppi che possono ottenersi con trasformazioni di data natura. I concetti di permutabilità, similitudine, ecc., vi troveranno applicazione come nella teoria delle sostituzioni. La trattazione delle varietà che nasce dal mettere a fondamento i gruppi di trasformazioni appare dunque come un'applicazione della teoria delle trasformazioni.

Nella teoria delle equazioni interessano anzitutto le funzioni simmetriche dei coefficienti, ma subito dopo quelle espressioni che rimangono inalterate, se non in tutte, almeno in gran parte degli scambi delle radici. Nella trattazione di una varietà con un certo gruppo come fondamentale noi cerchiamo analogamente anzitutto i corpi (§5) e le forme che rimangono inalterate in tutte le trasformazioni del gruppo. Vi sono però forme che ammettono non tutte, ma alcune delle trasformazioni del gruppo stesso, e queste offrono un interesse speciale relativamente alla trattazione fondata su di esso, hanno cioè pro-

---

[30] Ricordo qui che GRASSMANN già nell'introduzione alla prima edizione della sua "Ausdehnungslehre" (1844) confronta l'analisi combinatoria colla scienza dell'estensione.
[31] Vedi la Memoria comune: *Ueber diejenigen ebenen Curven, welche durch ein geschlossenes System von einfach unendlich vielen vertauschbaren linearen Transformationen in sich uebergehen*. Math. Annalen, Bd. IV.

prietà particolari. Questo equivale a mettere in evidenza per es. nella geometria ordinaria corpi simmetrici e regolari, superficie di rotazione ed elicoidali. Ponendosi invece dal punto di vista della geometria proiettiva, e richiedendo in particolare che le trasformazioni per cui le forme si mutano in sé stesse siano permutabili, si giunge alle forme considerate da LIE e da me nel lavoro citato, e al problema generale posto al §6 di esso. La determinazione datavi nei §§1 e 3 di tutti i gruppi di infinite trasformazioni lineari permutabili nel piano è una parte della teoria generale delle trasformazioni testé menzionata[32].

---

[32] Nel testo debbo astenermi dal mostrare il vantaggio che la considerazione delle trasformazioni infinitesime ha per la teoria delle equazioni differenziali. Nel §7 del lavoro citato LIE ed io abbiamo mostrato che: le equazioni differenziali ordinarie che ammettono eguali trasformazioni infinitesime presentano uguali difficoltà d'integrazione. In qual modo siano da usarsi tali considerazioni per le equazioni alle derivate parziali lo ha esposto LIE in luoghi diversi, fra gli altri nella Memoria menzionata dapprima (Math. Annalen, Bd. V) con vari esempi. (Vedi in particolare i Rendiconti dell'Accademia di Cristiania, maggio 1872).

[Posso oggi accennare al fatto che appunto i due problemi menzionati nel testo han continuato a dar l'indirizzo ad una gran parte dei lavori ulteriori di LIE e miei. Già prima ho ricordata la pubblicazione del 1° volume della *Theorie der Transformationsgruppen* del LIE. Quanto alle mie ricerche posteriori al presente scritto si possono qui considerare quelle sui corpi regolari, sulle funzioni modulari ellittiche ed in generale sulle funzioni univoche con trasformazioni lineari in sé stesse. Ho già esposte le prime nel 1884 in un'opera speciale: *Vorlesungen über das Ikosaeder und die Auflösung der Gleichungen fünften Grades* (Liepzig, 1884); un'esposizione rimaneggiata della teoria delle funzioni modulari ellittiche è appunto ora in corso di stampa].

Note

I. Sul contrasto fra l'indirizzo sintetico e quello analitico nella geometria moderna

La differenza fra la nuova geometria sintetica e la nuova geometria analitica non deve più considerarsi oggigiorno come essenziale, poiché i concetti e le argomentazioni si sono informati a poco a poco dall'una e dall'altra parte in modo affatto simile. Perciò noi scegliamo nel testo la denominazione di "geometria proiettiva" per indicarle entrambe. Se il metodo sintetico procede di più per mezzo dell'intuizione dello spazio, accordando così alle sue prime o semplici teorie un'attrattiva non comune, tuttavia il campo di tale intuizione non è chiuso al metodo analitico, e le formule della geometria analitica si possono concepire come espressione esatta e trasparente delle relazioni geometriche. D'altra parte non bisogna tenere in poco conto il vantaggio che un formalismo ben fondato offre al processo dell'investigazione, precedendo in certa misura il pensiero. Bisogna bensì attenersi sempre al principio di non considerare come esaurito un argomento matematico, finché esso non è divenuto evidente nel concetto; e l'avanzare col mezzo del formalismo non è appunto che un primo passo, ma già molto importante.

II. Distinzione della geometria odierna in discipline

Quando si osserva per es. come in generale il fisico matematico si priva dei vantaggi che in molti casi gli potrebbe accordare un'osservazione proiettiva anche poco sviluppata, e come d'altra parte il proiettivo non pon mano alla ricca fonte di verità matematiche che ha dato luogo alla scoperta della teoria della curvatura delle superficie, bisogna ben ammettere che lo stato attuale della scienza geometrica è assai imperfetto, e sperare ch'esso abbia in breve a migliorare.

III. Sull'importanza dell'intuizione dello spazio

Se nel testo noi accenniamo all'intuizione dello spazio come a qualcosa di secondario, lo facciamo in relazione al contenuto puramente matematico delle considerazioni da formulare. L'intuizione ha per esso il solo scopo dell'evidenza, il quale però dal lato pedagogico è da stimarsi assai. Un modello geometrico per es. è sotto questo punto di vista assai istruttivo ed interessante.

Ben diversa però è la questione sull'importanza dell'intuizione geometrica in generale. Io la considero come una cosa che sta da sé. V'ha una geometria speciale che non vuol esser riguardata, come le ricerche discusse nel testo, quale forma intuitiva di considerazioni astratte. In essa si tratta di concepire assolutamente le figure dello spazio colle forme che esse hanno effettivamente, e di intendere (ed è quello il lato matematico) le relazioni che per esse sussistono come conseguenze evidenti dei postulati sull'intuizione dello spazio. Un modello, – sia pur eseguito ed osservato, oppure solo rappresentato con evidenza, – non è per questa geometria un mezzo per raggiungere lo scopo, ma lo scopo medesimo.

Istituendo per tal modo la geometria come qualcosa a sé, accanto alla matematica pura, ma indipendentemente da essa, non facciamo certo nulla di nuovo. È desiderabile però che si metta una buona volta ed espressamente in evidenza questo punto di vista, poiché l'investigazione recente lo omette quasi totalmente. E a questo si collega il fatto che inversamente l'investigazione stessa venne di rado usata a studiare le proprietà di forma degli enti dello spazio, benché appaia di gran vantaggio appunto in questo indirizzo.

IV. *Sulle varietà a quante si vogliano dimensioni*

Che lo spazio, concepito come luogo di punti, abbia solo tre dimensioni, dal punto di vista matematico non va discusso; ma nello stesso modo dal punto di vista matematico non possiamo impedire ad alcuno di asserire che lo spazio abbia invece quattro o un numero illimitato di dimensioni, ma che noi siamo in grado di percepirne solamente tre. La teoria delle varietà più volte estese, che vieppiù si presenta innanzi alle nuove ricerche matematiche, è nella sua essenza del tutto indipendente da una tale asserzione. Si è però naturalizzato in essa un modo di esprimersi che certamente proviene da quella rappresentazione. Si parla cioè, invece che degli individui di una varietà, dei punti di uno spazio superiore, ecc. Per sé, una tale espressione ha del buono, in quanto che, rammentando l'intuizione geometrica, facilita l'intelligenza. Ma essa ha avuta la conseguenza dannosa di far supporre a molti che le ricerche su varietà a quante si vogliano dimensioni fossero intimamente legate all'accennato concetto della natura dello spazio. Nulla è più privo di fondamento che una tale supposizione. Certo che le dette ricerche matematiche troverebbero subito applicazione geometrica se la rappresentazione fosse esatta, – ma il valore e lo scopo di esse riposano, affatto indipendentemente da una tale rappresentazione, nel loro proprio contenuto matematico.

Ben diverso da ciò è quanto insegnò PLÜCKER, a concepire cioè lo spazio effettivo come una varietà a quante si vogliano dimensioni, introducendo come elemento di esso spazio (vedi §5 del testo) una forma (curva, superficie, ecc.) dipendente da un numero arbitrario di parametri.

Il modo di rappresentazione che considera l'elemento della varietà comunque estesa come analogo al punto dello spazio fu svolto dapprima dal GRASSMANN nella sua "*Ausdehnungslehre*" (1844). In lui il pensiero è del tutto estraneo all'accennato concetto della natura dello spazio; questo rimonta ad osservazioni occasionali di GAUSS, e divenne maggiormente noto in seguito alle ricerche di RIEMANN sulle varietà più volte estese, colle quali esso si è collegato.

L'uno e l'altro di questi concetti, – quello di GRASSMANN e quello di PLÜCKER –, ha i suoi propri vantaggi; ed essi si applicano alternativamente con profitto.

V. Sulla così detta Geometria non Euclidea

La geometria metrica proiettiva di cui si parla nel testo coincide nella sua essenza, come hanno insegnato ricerche recenti, colla geometria metrica che si può svolgere col respingere l'assioma delle parallele, e che oggigiorno è molto discussa e agitata sotto il nome di "geometria non euclidea". Se nel testo non abbiamo mai accennato a questo nome, si fu per un motivo che si avvicina alle spiegazioni date nella nota precedente. Si collocano col nome di geometria non euclidea una quantità d'idee non matematiche, che da un lato si curano con tanto zelo quanto dall'altro si disprezzano; ma con esse le nostre considerazioni puramente matematiche non hanno nulla a che fare. Il desiderio di apportare qualcosa a questo riguardo per rischiarare le idee dà ragione di quanto ora diremo.

Le ricerche sulla teoria delle parallele cui noi alludiamo hanno progredito in modo da raggiungere matematicamente da due lati un valore preciso.

Esse mostrano una buona volta – e questo loro ufficio può considerarsi come relativo al passato, ed ora esaurito – che l'assioma delle parallele non è conseguenza matematica di quelli che generalmente gli si premettono, ma che vi si manifesta un elemento di intuizione essenzialmente nuovo e non ancora toccato nelle ricerche precedenti. Studi consimili si potrebbero e si dovrebbero effettuare relativamente a ciascun assioma, e non solo della geometria; ci si guadagnerebbe in intelligenza nella reciproca posizione degli assiomi.

Inoltre tali ricerche ci hanno fatto dono di un prezioso concetto matematico, quello di una varietà a curvatura costante. Esso è legato più intimamente che mai, come già accennammo e come è meglio mostrato nel §10 del testo, alla determinazione metrica proiettiva, sorta indipendentemente da ogni teoria delle parallele. Al fatto che lo studio di questa determinazione metrica offre di per sé un alto interesse matematico e permette numerose applicazioni, bisogna aggiungere che essa comprende come caso speciale (limite) la determinazione metrica data nella geometria, e ci insegna a concepirla da un punto di vista più elevato.

Del tutto indipendente da tali considerazioni è la questione, su quali fondamenti si appoggi l'assioma delle parallele; se dobbiamo considerarlo come dato in via assoluta – come vogliono gli uni – o solo come verificato approssimativamente dall'esperienza – come dicono gli altri –. Se vi fossero ragioni per accettare quest'ultima soluzione, le dette ricerche matematiche ci mostrerebbero in qual modo si avrebbe a costruire una geometria più esatta. Ma la suddetta è evidentemente una questione filosofica, che riguarda i fondamenti più generali delle nostre cognizioni. Il matematico *come tale* non s'interessa alla questione così posta, e desidera che le sue ricerche siano considerate come indipendenti da ciò che dall'una o dall'altra parte si potrà rispondere alla questione medesima.

VI. *Geometria della retta come studio di una varietà a curvatura costante*

Nel mettere in relazione la geometria della retta colla determinazione metrica proiettiva in una varietà a cinque dimensioni, dobbiamo far attenzione al fatto che nelle rette abbiamo dinanzi a noi (nel senso della determinazione stessa) i soli elementi all'infinito della varietà. Da ciò la necessità di pensare quali valori una determinazione metrica proiettiva attribuisca ai suoi elementi all'infinito, e di questo ci occuperemo ora un po', per allontanare alcune difficoltà che si oppongono alla concezione della geometria della retta come geometria metrica. Riferiremo queste spiegazioni all'esempio intuitivo offerto da una determinazione metrica proiettiva basata su di una superficie di second'ordine.

Una coppia di punti arbitrari dello spazio ha relativamente alla quadrica un invariante assoluto: il doppio rapporto dei due punti e delle intersezioni della quadrica colla loro congiungente. Ma se i due punti si portano sulle superficie, questo doppio rapporto si annulla indipendentemente dalla loro posizione, eccettuato il caso in cui essi giacciano su di una generatrice, nel qual caso è indeterminato. Questa è l'unica particolarità che può presentarsi nella relazione fra i due punti, a meno che essi non coincidano, e abbiamo quindi la proposizione:

La determinazione metrica proiettiva che si può istituire nello spazio basandosi sopra una superficie di second'ordine non dà ancora alcuna determinazione metrica per la geometria su quest'ultima.

A questo si lega il fatto che mediante trasformazioni lineari della quadrica in sé stessa si possono far coincidere tre suoi punti arbitrari con tre altri[33].

Volendo avere una determinazione metrica sulla quadrica stessa, bisogna limitare il gruppo di trasformazioni, e ciò si ottiene tenendo fisso un punto qualunque dello spazio (ovvero il suo piano polare). Questo punto non sia dapprima posto sulla superficie. Allora si proietti la

---

[33] Questi rapporti si alterano nella geometria metrica ordinaria; due punti all'infinito hanno certo di per sé un invariante assoluto. La contraddizione che per tal modo si potrebbe trovare nel computo delle trasformazioni lineari della superficie all'infinito in se stessa sparisce, in quanto che le traslazioni e le trasformazioni per similitudine che vi sono comprese non alterano affatto il luogo dei punti all'infinito.

quadrica da esso su di un piano, sicché comparirà una conica come curva di passaggio. Basandoci su di questa, istituiamo nel piano una determinazione metrica proiettiva, che poi riporteremo sulla quadrica (vedi §7 del testo). Questa è una vera e propria determinazione metrica a curvatura costante; onde si ha la proposizione:

Sulla quadrica si ha una determinazione metrica siffatta, tenendo fisso un punto esterno ad essa.

Analogamente si trova (vedi §4 del testo):

Si ottiene sulla quadrica una determinazione metrica a curvatura nulla assumendo come punto fisso un punto della superficie medesima.

Per tutte queste determinazioni metriche sulla quadrica le generatrici di essa sono linee di lunghezza nulla. L'espressione per l'elemento d'arco sulla superficie differisce dunque nelle diverse determinazioni solo per un fattore. Non vi sono sulla superficie elementi lineari assoluti. Però si può ben parlare dell'angolo formato da due direzioni diverse sulla superficie.

Tutte queste proposizioni e considerazioni possono servire senz'altro per la geometria della retta. Per lo spazio rigato a sé non esiste da principio una vera e propria determinazione metrica. Ne sorge una solo quando teniamo fisso un complesso lineare, e precisamente essa ha curvatura costante o nulla secondo che il complesso è generale o speciale (una retta). Al porre in evidenza un complesso è particolarmente legata anche la validità di un elemento lineare assoluto. Indipendentemente da ciò, le direzioni di passaggio a rette vicine che tagliano quella data hanno lunghezza nulla, e si può anche parlare dell'angolo formato da due direzioni di passaggio arbitrarie[34].

VII. Interpretazione delle forme binarie

Accenneremo qui all'aspetto notevole che, basandosi sull'interpretazione di $x+iy$ sulla sfera, si può dare al sistema invariantivo delle forme binarie cubiche e biquadratiche.

---

[34] Vedi la Memoria: *Ueber Liniengeometrie und metrische Geometrie*. Math. Annalen, Bd. V, pag. 271.

Una cubica binaria f ha un covariante cubico Q, uno quadratico Δ, e un invariante R[35]. Da f e Q si ricava tutta una serie di covarianti di sesto grado

$$Q^2 + \lambda R f^2,$$

fra cui è compreso anche Δ^3. Si può mostrare[36] che ogni covariante della forma cubica deve scindersi in gruppi consimili di sei punti. Siccome λ può assumere valori complessi, si ha un numero doppiamente infinito di tali covarianti[37].

Ora tutto il sistema di forme così circoscritto può essere rappresentato sulla sfera nel modo seguente. Mediante un'acconcia trasformazione lineare della sfera in sé stessa si portino i tre punti che rappresentano f in tre punti equidistanti di una stessa circonferenza massima. Questa possiamo chiamarla equatore; su di essa i tre punti f abbiano rispettivamente la longitudine 0°, 120°, 240°. Allora Q sarà rappresentato dai punti dell'equatore di longitudine 60°, 180°, 300°; Δ dai due poli. Ogni forma $Q^2 + \lambda R f^2$ sarà rappresentata da sei punti, le cui latitudini e longitudini saranno contenute nello schema seguente, in cui α e β indicano numeri qualunque:

$$\left|\begin{array}{c}\alpha\\\beta\end{array}\right| \left|\begin{array}{c}\alpha\\120+\beta\end{array}\right| \left|\begin{array}{c}\alpha\\240+\beta\end{array}\right| \left|\begin{array}{c}-\alpha\\-\beta\end{array}\right| \left|\begin{array}{c}-\alpha\\120-\beta\end{array}\right| \left|\begin{array}{c}-\alpha\\240-\beta\end{array}\right|.$$

Tenendo dietro a questi sistemi di punti sulla sfera, è interessante il vedere in qual modo ne sorgano f e Q contati due volte, e Δ contato tre volte.

Una forma biquadratica f ha un covariante H dello stesso suo grado, un covariante T di sesto grado, due invarianti i e j. È particolarmente da considerarsi la serie di forme biquadratiche $iH + \lambda j f$, che corrispondono tutte allo stesso T, e fra cui sono compresi i tre fattori di secondo grado in cui si può scomporre T, ciascuno contato due volte.

---

[35] Vedi a questo proposito i relativi capitoli di CLEBSCH: *Theorie der binären Formen*.
[36] Considerando le trasformazioni lineari di f in sé stessa. Vedi Math. Annalen, Bd. IV, pag. 352.
[37] [Cfr. BELTRAMI: *Ricerche sulla geometria delle forme binarie cubiche*. Memorie Acc. Bologna. 1870].

Per il centro della sfera facciamo ora passare tre assi mutuamente ortogonali *OX, OY, OZ*. Le loro sei intersezioni colla sfera rappresentano la forma *T*. I punti di una quaderna *iH+λjf*, essendo x, y, z le coordinate di un punto arbitrario della sfera, sono rappresentati dallo schema:

$$\begin{array}{ccc} x & y & z \\ x & -y & -z \\ -x & y & -z \\ -x & -y & z \end{array}.$$

Essi sono sempre vertici di un tetraedro simmetrico, le cui coppie di spigoli opposti sono dimezzate dagli assi coordinati; dal che risulta caratterizzato l'ufficio di *T* nella teoria delle equazioni biquadratiche come risolvente di *iH+λjf*.

Erlangen, ottobre 1872

Postfazione
P. FRANÇOIS RUSSO S.J.

Gruppi e geometria
La genesi del programma di Erlangen di Felix Klein
Conferenza pronunciata al "Palais de la Découverte" il 4 maggio 1968

Nel 1872, a soli 23 anni, il matematico tedesco Felix Klein presentava per la riapertura dell'anno accademico all'Università di Erlangen una *dissertazione* in cui esponeva i lavori che lo avevano condotto ad avvicinare – fondandoli su un principio generale – i due metodi, metrico e proiettivo, i cui rapporti non erano stati fino a quel momento sufficientemente chiariti. Klein aveva trovato questo principio unificatore nella nozione di *gruppo di trasformazioni*. Su queste basi, egli proponeva un *programma* che sostituiva a vedute rimaste a lungo poco coordinate una concezione organica della geometria fondata su una gerarchizzazione dei gruppi di trasformazioni.

Troppo modesto, Klein dichiara che questo programma non apporta nulla di veramente nuovo ma che intende soltanto porre rimedio alla dispersione delle discipline geometriche.

"Coll'assumerci di stabilire in seguito un sì fatto principio noi non veniamo certo a sviluppare alcuna idea essenzialmente nuova, ma solo delineiamo con chiarezza e precisione ciò che fu già pensato da taluno con più o meno esattezza. Ma il pubblicare siffatte considerazioni comprensive appariva tanto più giustificato, in quanto che la geometria, che pur è unica nella sua sostanza, nel rapido sviluppo cui andò soggetta negli ultimi tempi si è troppo suddivisa in discipline quasi separate"[a].

---

[a] Il riferimento è alla traduzione italiana, dovuta a Gino Fano, di *Vergleichende Betrachtungen über neuere geometrische Forschungen* (Programma di Erlangen), comparsa negli "Annali di Matematica pura e applicata", 1899, pp. 301-343, già riprodotta parzialmente in "Archimede", 3, 1959, pp. 136-141 e ora ristampata integralmente in questo volume; cfr. p. 13. (N.d.T.)

Non è esagerato vedere in questo programma uno dei momenti più importanti della storia della geometria e, più ampiamente, della storia delle matematiche. Esso attua una notevole convergenza di correnti di ricerca rimaste fino a quel momento senza relazioni; in tal modo, costituisce una delle principali tappe del rinnovamento della concezione della geometria e della sua integrazione in una veduta unificata delle matematiche nella quale essa perderà il suo statuto di disciplina autonoma.

In questo studio vogliamo presentare la genesi di tale programma. A questo scopo abbiamo tentato di enucleare, dall'insieme così complesso dei lavori geometrici del XIX secolo, le idee e i fatti che ci è sembrato abbiano contribuito direttamente a tale evoluzione. Sicuramente una simile "astrazione" non è immune da pericoli e tuttavia ci è sembrata legittima. In questo modo, potremo mettere in evidenza la natura e l'esatto significato degli apporti delle geometrie che hanno giocato il ruolo di agenti principali di questo progresso, così come delle filiazioni che le collegano.

Se questo studio può aspirare a qualche originalità, è più per l'interpretazione dei fatti che per la loro novità; come è noto, tali fatti sono già stati presentati in numerose eccellenti opere. Ricordiamo soprattutto il tomo I del terzo volume della *Histoire générale des sciences*, pubblicata sotto la direzione di René Taton[1] e il volume I del tomo III dell'edizione francese della *Encyclopédie mathématique*. A queste opere occorre, beninteso, aggiungere il programma di Erlangen stesso, nel quale Klein ha inserito preziose indicazioni storiche.

Per descrivere la genesi del programma di Erlangen si potrebbe certamente risalire molto lontano nella storia della geometria. Tuttavia il momento in cui la geometria si impegna nelle ricerche che preparano nettamente alla sintesi di Klein ci sembra possa essere fissato all'inizio del XIX secolo e, più precisamente, intorno agli anni 1820. In quegli anni, infatti, si avviano quelle due grandi imprese scientifiche la cui

---

[1] Presses Universitaires de France, Paris, 1961.

unione sarà la sorgente diretta delle vedute di Klein sul ruolo dei gruppi in geometria: la costituzione in forma di dottrina della geometria proiettiva, principalmente con Poncelet e la scoperta delle geometrie non euclidee con Lobačevskij e Bolyai. Prenderemo questo momento come punto di partenza della nostra ricostruzione[b].

NIKOLAJ LOBAČEVSKIJ (1792-1856)

JÁNOS BOLYAI (1802-1860)

---

[b] Ci sembra opportuno fare qualche breve riferimento alla bibliografia sulla geometria non euclidea e in generale sulla geometria dell'Ottocento. Fra i trattati di tipo storico-critico occupa una posizione centrale ENGEL e STÄCKEL, *Die Theorie der Parallellinien von Euklid bis auf Gauss...*, (1895); *Urkunden zur Geschichte der nichteuklidieschen geometrie* (1898-99); *Leben und Schriftender Beiden Bolyai*, (1913), editi da B.G. Teubner, Leipzig und Berlin. In lingua italiana, è importante l'opera di R. BONOLA, *La geometria non-euclidea*, Bologna, 1906, rist. a cura di L. Magnani, Bologna, 1975, tradotta nei primi anni del secolo in inglese, tedesco e russo. Inoltre cfr. G. FANO, *Geometria non euclidea, introduzione geometrica alla teoria della relatività*, Bologna, 1935 e numerosi articoli comparsi nella *Enciclopedia delle matematiche elementari*, Hoepli, Milano e in *Questioni riguardanti le matematiche elementari*, Zanichelli, Bologna. Mette conto ricordare il contributo di F. ENRIQUES alla *Encyklopädie der Mathematischen Wissenschaften mit Einschluss ihrer Anwendungen*, Lipsia, 1907, con l'articolo *Prinzipien der Geometrie* (III AB 1, 1-129). Fra le opere più recenti in lingua italiana, cfr. P.A. GIUSTINI, *Da Euclide a Hilbert*, Bulzoni, Perugia, 1974, L. MAGNANI, a cura di, *Le geometrie non euclidee*, Zanichelli, Bologna, 1978 e E. AGAZZI e D. PALLADINO, *Le geometrie non euclidee*, Est Mondadori, Milano, 1978. In lingua inglese, cfr. H.S.M. COXETER, *Non Euclidean geometry*, University of Toronto Press, 1945, 1968², E.B. GOLOS, *Foundations of Euclidean and non euclidean geometry*, New York, 1968, M. T. GREENBERG, *Euclidean and non-Euclidean geometry, development and history*, Freeman, New York, 1974, 1980. Notevoli i riferimenti contenuti nell'ottima storia della matematica di M. KLINE, *Mathematical thought from ancient to modern times*, New York, 1972 e negli *Annali della scienza e della tecnica...*, Edizioni scientifiche e tecniche Mondadori (parti di storia della matematica a cura di G.GIORELLO), Milano, 1975. (N.d.T.)

Riferimenti cronologici

Prima di iniziare questa storia abbastanza complessa occorre annotarne i momenti essenziali. Deve tuttavia essere ben chiaro che questi "passi" e queste discontinuità non sono stati di fatto così evidenti, come si potrebbe credere, proprio a causa dei lunghi ritardi di diffusione della maggior parte di queste idee nuove.

1822 Poncelet (1788-1857): *Traité des proprietés projectives des figures.*
1829 Lobačevskij (1792-1846): pubblicazione dei suoi primi lavori.
1830 Galois (1811-1832): Teoria dei Gruppi.
1832 Bolyai (1802-1860): *La scienza assoluta dello spazio.*
1837 Michel Chasles (1793-1880): *Aperçu historique sur le développement des méthodes en géométrie.*
1844 Grassmann (1809-1877): *Ausdehnungslehre.*
1847 Staudt (1798-1867): *Geometrie der Lage.*
1854 Riemann (1827-1866): *Über die Hypothesen, welche der Geometrie zu Grunde liegen.*
1859 Cayley (1821-1899): Memoria in "Philosophical Transactions".
1868 Beltrami (1835-1900): *Saggio di interpretazione della geometria non euclidea.*
1868 Helmholtz (1821-1894): *Über die Thatsachen, die der Geometrie zum Grunde liegen.*
1870 Jordan (1838-1922): *Traité des substitutions.*
1870 Lie (1842-1899): primi lavori sui gruppi di trasformazioni.
1872 Klein (1849-1925): *Programma di Erlangen.*

Qualche cenno su Felix Klein[c]

Felix Klein è nato a Düssedorf nel 1849. Compie i suoi studi universitari dapprima a Bonn, poi a Gottinga. È *dottore in filosofia* (espressione qualificante pressapoco equivalente all'attuale *doctorat es sciences* in Francia) a Bonn nel 1868. È nominato nel 1872 libero docente a Erlangen, ove insegna fino al 1875. In seguito insegnerà a Münich (1875-1880), Lipsia (1880-1886), Gottinga (1886-1913). Muore a Gottinga nel 1925.

Tra le numerose pubblicazioni di Felix Klein, ricordiamo soltanto quelle che preparano, espongono o commentano il *Programma di Erlangen*:
- *Über die sogennante nicht-Euklidische Geometrie*
  I parte, 19 agosto 1871, pubblicata nei "Mathematische Annalen", 1871, pp. 573-625.
  II parte, 8 giugno 1872, pubblicata nei "Mathematische Annalen", 1875, pp.112-145.
- *Vergleichende Betrachtungen über neuere geometrische Forschungen* (Programma di Erlangen). Programma pubblicato in occasione dell'accoglimento nella Facoltà di Filosofia e nel Senato dell'Università di Erlangen nel 1872. Traduzione francese con alcune aggiunte dell'autore (indicate fra parentesi quadre) negli "Annales de l'Ecole Normale Supérieure", 1891, pp. 87-102 e 172-210[2].

---

[c] Su F. Klein cfr. G. CASTELNUOVO, *F. Klein*, "Annali di matematica", 1926 e L. CAMPEDELLI, *I cento anni del "Programma di Erlangen"*, "Archimede", 1972. (N.d.T.)
[2] Ci sarà permesso di rammaricarci del fatto che questo testo non sia stato edito in un volume a parte, che lo avrebbe reso accessibile come merita.

I – Osservazioni sullo sviluppo della geometria proiettiva

Non si descriverà qui la storia della geometria proiettiva come fine a se stessa. Essa sarà esaminata in quanto dottrina che esprime una certa concezione della geometria. È soprattutto come tale che la geometria proiettiva doveva costituire, accanto a quelle non euclidee, una delle due principali vie che hanno portato al programma di Erlangen.

Questa dottrina comincia a formarsi realmente soltanto con Poncelet, in una comunicazione alla *Académie des Sciences* del 1820 e poi nel suo *Traité des propriétés projectives des figures* del 1822.

Nel quadro della geometria euclidea, da lui considerata assolutamente certa, Poncelet intende costituire la geometria in un tutto organico in grado di integrare i numerosi risultati che fino a quel momento erano rimasti senza legami. Poncelet "vuole dare alle concezioni geometriche quella estensione e quella generalità che sono nella sua natura". A questo scopo egli pone in primo piano le proprietà proiettive delle figure, cioè quelle che si conservano attraverso proiezione centrale o prospettiva. Dopo i Greci un buon numero di geometri – soprattutto Desargues, Pascal e Monge – ha messo in evidenza e studiato proprietà di questo genere. Poncelet "raccoglie dal passato questa categoria di proprietà", per ordinarle in una dottrina esente da considerazioni analitiche. Poncelet, e quelli che dopo di lui svilupperanno la geometria proiettiva, fissano l'ideale di una geometria *pura*, cioè indipendente da quella analitica. Il trattamento analitico della geometria appariva loro una debolezza, una imperfezione, un ripiego. Tuttavia, sono nello stesso tempo obbligati a riconoscere il vantaggio che trae la geometria analitica dalla generalità del suo metodo, in rapporto a una geometria pura che si presenta in modo disordinato. "*La geometria analitica* – dichiara Poncelet – *offre strumenti generali e uniformi*" mentre "*l'altra (geometria) procede a casaccio*".

Questo disegno, che ci sembra oggi singolarmente angusto e di cui non tarderanno d'altronde ad apparire i limiti, doveva tuttavia condurre a delle vedute e a dei lavori che contribuirono direttamente all'avvento della concezione moderna della geometria e soprattutto al programma di Erlangen.

Per costruire questa dottrina geometrica generale Poncelet fa intervenire principalmente il rapporto anarmonico conservato in una trasformazione proiettiva, i punti immaginari o il principio di continuità per il quale "le relazioni generali subiscono modificazioni senza cessare di applicarsi al sistema".

Quindici anni più tardi, nel 1837, Michel Chasles nel suo *Aperçu historique sur l'origine et le développement des méthodes en géométrie*, esprime ancora più esplicitamente le concezioni di base di questa geometria pura e generale sottolineandone due idee guida: la distinzione fra proprietà metriche e proprietà descrittive e il ruolo delle trasformazioni. Chasles si interessa essenzialmente alle trasformazioni proiettive, il cui ruolo così precisa: "*si prenda una figura qualunque dello spazio e una delle sue proprietà comuni; si applichi a questa figura uno di questi modi di trasformazione e si seguano le diverse modificazioni o trasformazioni provate dal teorema che esprime questa proprietà, si otterrà una nuova figura e una proprietà di questa figura che corrisponderà a quella della prima [...] Questa possibilità della geometria recente permette di moltiplicare all'infinito le proprietà geometriche*" (p. 268).

Chasles considera fondamentale la distinzione fra proprietà metriche e proprietà proiettive, da lui chiamate *descrittive*, ma – e torneremo più avanti su questo punto quando tratteremo di Cayley – non si impegna nella delucidazione della natura esatta e dei rapporti fra questi due tipi di proprietà. Le sue vedute a questo riguardo restano abbastanza vaghe: "*le figure considerate dalla geometria hanno fra loro due specie di relazioni: le prime riguardanti le loro forme e le loro posizioni, chiamate relazioni descrittive e le seconde riguardanti le loro grandezze e chiamate relazioni metriche [...] Queste due specie di proprietà sono individualmente sufficienti per la soluzione di un grande numero di problemi. Ma è utile e spesso indispensabile considerarle indipendentemente le une dalle altre*" (p. 211).

Come Poncelet e Chasles, Staudt si propone di sviluppare la geometria senza ricorrere ai metodi analitici. Tuttavia, a differenza dei due geometri francesi, intende introdurre le nozioni proiettive senza fare intervenire considerazioni metriche e mira a una presentazione più sistematica e più rigorosa dei fondamenti della geometria. La sua *geo-*

metrie der Lage (1847), geometria di posizione, ulteriore modo di qualificare la geometria proiettiva, è presentata in modo assiomatico e astratto. Tuttavia, Staudt non si preoccupa più dei suoi predecessori di mostrare che questa geometria è indipendente dall'assioma delle parallele. D'altronde, non tiene conto delle ricerche sulle geometrie non euclidee che dovevano infatti attirare l'attenzione soltanto una ventina di anni dopo.

Rapporti fra proprietà proiettive e proprietà metriche: Cayley

Poncelet, Chasles e Staudt avevano avuto il merito di distinguere nettamente, nella geometria, le proprietà proiettive da quelle metriche, anche se non avevano realmente chiarito le relazioni fra questi due tipi di proprietà. Poncelet si era impegnato in questa via – come afferma Klein – "*considerando le relazioni metriche delle figure piane come delle relazioni proiettive dei punti dello spazio ai quali si aggiungono i punti ciclici, tuttavia non aveva dedotto da questo la distanza proiettiva di due punti*".

Anche Laguerre iniziava una tale ricerca quando, nel 1853, collegava la misura di un angolo al rapporto anarmonico dei suoi lati e delle due rette isotrope di stessa origine (retta congiungente il suo estremo ai punti ciclici)[3].

È a Cayley, comunque, che si deve il merito della prima definizione proiettiva esplicita e completa della distanza di due punti e quindi delle proprietà metriche. In tal modo la geometria non appare più costituita da due sistemi di proprietà, estranei l'uno all'altro, ma questi sistemi formano invece una dottrina unificata[4].

---

[3] Occorre ricordare che già in Pappo si trova la considerazione del rapporto anarmonico.
[4] Cfr. F. KLEIN, Programma di Erlangen, pp. 13-14, in questo volume.

Nella sua Memoria fondamentale del 1859[5] Cayley mostra che le proprietà metriche di una figura F sono le proprietà proiettive di una figura F' formata da F e dai punti ciclici. Sostituendo questi punti, considerati come una conica degenerata tangenzialmente, con una conica qualunque (un assoluto), egli ottiene una metrica generale. La misura proiettiva è allora chiaramente definita dal rapporto anarmonico dei quattro punti di una retta, di cui due sono le estremità del segmento misurato e gli altri due i punti di incidenza della retta con una conica che si trasforma in se stessa nella trasformazione. Al termine della Memoria, Cayley dichiara con entusiasmo: "la geometria metrica appare così come una parte della geometria descrittiva – come egli chiama la geometria proiettiva – così la geometria descrittiva è *tutta la geometria*[6]".

Occorre osservare che queste vedute di Cayley provengono dai suoi lavori sulla teoria delle forme (*quantics*) intrapresa nel 1845.

Benché il progresso così realizzato sia notevole, le concezioni geometriche di Cayley sono ancora abbastanza lontane dalle prospettive alle quali arriverà Klein, principalmente per il fatto che il pensiero di Cayley come del resto quello dei suoi predecessori resta estraneo al problema delle parallele e delle geometrie non euclidee.

II – La nascita delle geometrie non euclidee

Non descriveremo dettagliatamente la storia della nascita delle geometrie di Bolyai-Lobačevskij e di Riemann[7]. Tuttavia, data la rilevanza del ruolo che queste geometrie hanno giocato nell'evoluzione del-

---

[5] Cfr. "Philosophical Transactions", 1859, p. 61 e ss., riprodotto in "Papers", II, p. 561 e ss. e pp. 583-592. Queste considerazioni sono riprese e sviluppate in "Philosophical Transactions", 1870, p. 51 ("Papers", VI, p. 456 e ss.).
[6] Corsivo nostro.
[7] Abbiamo presentato la nascita di queste geometrie nei suoi aspetti essenziali in un articolo comparso nella "Revue des questions scientifiques", 20 luglio 1963, pp. 457-473: *Genèse de la géométrie non euclidienne*.

la concezione della geometria del XIX secolo e più in particolare nella genesi del programma di Erlangen, conviene ricordare e inquadrare il loro apporto essenziale.

Dopo i lavori, principalmente di Saccheri, Lambert e Gauss, Lobačevskij a partire dal 1829 e Bolyai nel 1832 elaborano per primi una geometria che porterà poi i loro nomi. Tale geometria corrisponde all'ipotesi per la quale la somma degli angoli di un triangolo è inferiore a due retti (il che equivale ad affermare che per un punto fuori di una retta si può tracciare un numero infinito di parallele alla retta data). Essi inoltre dimostrano che una geometria di tal genere è logicamente coerente e che quella euclidea non è altro che un suo caso particolare.

Tuttavia è noto che – non diversamente dai loro predecessori – né Lobačevskij, né Bolyai riuscirono a chiarire le conseguenze dell'ipotesi opposta per la quale la somma degli angoli di un triangolo rettangolo è superiore a due retti. L'ipotesi non appariva loro capace di condurre a una geometria coerente per il fatto essenziale che essa implica che due rette possano racchiudere uno spazio. Questo rifiuto può oggi apparire incomprensibile perché sappiamo – e lo si sapeva ben prima del XIX secolo – che su una sfera la somma degli angoli di un triangolo formato da tre archi di circonferenza è superiore a due retti. Comprendiamo difficilmente come Lobačevskij e Bolyai abbiano potuto dichiarare questa ipotesi inaccettabile quando potevano constatare che, per lo spazio a due dimensioni, essa conduceva a una geometria intuitivamente coerente (corrispondendo il piano alla sfera di raggio infinito). Il solo ad aver avuto prima di Riemann un'idea della possibilità di una tale geometria è Lambert: egli aveva ben intravisto questa analogia, pur non avendo saputo dedurne la possibilità della geometria "riemanniana". La ragione di questo rifiuto, sulla quale gli storici della matematica si sono raramente interrogati, va cercata nel fatto che in quell'epoca – ritorneremo più avanti su questo punto – si concepiva lo spazio come un ricettacolo neutro, un quadro omogeneo e illimitato, sul quale non poteva vertere una indagine matematica poiché questa riguardava soltanto le figure di questo spazio. Perché potesse essere accettata la "geometria riemanniana" occorreva un vero e proprio mutamento intellettuale. Bene, dobbiamo tale mutamento al genio di Riemann. Più avanti esporremo le sue vedute generali sulla nozione di spazio, ma subito citiamo il passaggio della sua dissertazione del 1854 in cui espone la possibilità della geometria "riemanniana" e cioè, essenzialmente di una geometria nella quale lo spazio è finito: "l'*illimitatezza*[8] dello spazio ha quindi maggiore certezza empirica di qualsiasi esperienza del mondo esterno. Da questo carattere, tuttavia, non consegue in alcun modo l'*infinitezza*[9]; al contrario, se si assume che i corpi siano indipendenti dalla loro posizione e si attribuisce quindi allo spazio una misura di curvatura costante, *esso verrebbe a essere necessariamente finito*[10] non appena questa misura di curvatura avesse sia pure il più piccolo valore positivo. Se si prolungassero in linee di minimo percorso le direzioni iniziali giacenti su una superficie si otterrebbe una superficie illimitata con valore di curvatura positivo e costante, cioè una superficie che in una varietà piana triplamente estesa assumerebbe la forma di una superficie sferica, e dunque finita"[11][d].

Attraverso il riconoscimento della possibilità di una geometria nella quale la somma degli angoli di un triangolo è superiore a due retti era eliminato – almeno di diritto – l'ostacolo che impediva la piena intelligenza della natura della geometria non euclidea. Tutto il campo delle ipotesi non euclidee era ormai accettato. Nonostante ciò le due geometrie non euclidee dovevano restare semplicemente giustapposte ancora per molti anni. Benché avessero ormai acquisito diritto di cittadinanza apparivano come realtà molto strane; la loro natura profonda, la loro piena razionalità, i loro rapporti con gli altri domini della geometria non erano ancora individuati.

---

[8] Corsivo nostro.
[9] Corsivo nostro.
[10] Corsivo nostro.
[11] Cfr. B. RIEMANN, *Oeuvres mathématiques*, Paris, 1898, ristampa 1968, a cura di L. Laugel, p. 295.
[d] La citazione è tratta dalla traduzione italiana della Memoria di Riemann comparsa in A. EINSTEIN, *Relatività*, Boringhieri, Torino, 1967, 1970² e dovuta a G. Gabella; cfr. pp. 218-219. (N.d.T.)

III – Avvicinamento, intelligenza e approfondimento delle due geometrie non euclidee e loro integrazione in quella proiettiva

Nella tappa storica del programma di Erlangen, che ora descriveremo e che si distingue nettamente da quella che precede, vediamo accadere da una parte l'avvicinamento delle due geometrie non euclidee insieme con il chiarimento dei loro tratti fondamentali comuni, dall'altra la confluenza delle due correnti di ricerca geometrica che fino a quel momento si ignoravano: la geometria non euclidea e la geometria proiettiva.

Sembra che sia Beltrami ad aver messo in evidenza per primo la natura comune delle due geometrie di Bolyai-Lobačevskij e di Riemann, quando nel 1868, nel suo *Saggio di interpretazione della geometria non euclidea*, ha mostrato che si poteva ritenere che la geometria di Bolyai-Lobačevskij era, nel caso a due dimensioni, equivalente alla geometria su una superficie a curvatura negativa (la geometria di Riemann essendo invece una geometria equivalente a quella su una superficie a curvatura positiva)[12]. È noto che questa superficie a curvatura negativa, che egli chiamò pseudosfera, non costituisce un'immagine adeguata della geometria di Bolyai-Lobačevskij. Nemmeno questo "modello" apriva la via alla costituzione di una dottrina generale delle geometrie non euclidee.

Contrariamente a ciò che suggerisce l'espressione *geometrie di Cayley* con la quale si designano abbastanza comunemente ancora oggi le geometrie non euclidee di Bolyai-Lobačevskij e di Riemann, considerate come geometrie proiettive particolari, non è a Cayley che va il merito di questa sintesi. Cayley – lo si è detto – non si è preoccupato di approfondire la natura delle geometrie non euclidee; d'altronde, egli non vi fa nessuna allusione nella sua Memoria del 1859[13].

---

[12] Non bisogna dimenticare che la diffusione delle idee di Lobačevskij, Bolyai e Riemann a proposito delle Geometrie non euclidee è avvenuta molto lentamente. È soltanto a partire dal 1866 che esse cominciarono ad attirare una vera attenzione.

[13] Negli scritti di Cayley non abbiamo trovato considerazioni sulle Geometrie non euclidee. Tuttavia, poiché non abbiamo eseguito un esame completo delle sue opere, non possiamo considerare questa affermazione come definitiva.

Sembra che sia Klein, quindi, ad avere per primo messo in evidenza la natura proiettiva delle geometrie non euclidee applicando loro le vedute di Cayley. Ancora Klein, d'altronde, ha per primo delucidato la nozione di misura proiettiva la cui elaborazione da parte di Cayley era rimasta, per molti versi, incompleta[14]. Klein ha chiaramente stabilito che i tre tipi di geometrie (di Euclide, di Bolyai-Lobačevskij e di Riemann) erano casi particolari della metrica generale di Cayley. Ponendo il problema generale della determinazione delle geometrie proiettive a curvatura costante, egli ha mostrato che non ne potevano esistere che di tre tipi (e corrispondenti precisamente a queste tre geometrie)[15].

Klein ha sottolineato con ragione questo fatto estremamente notevole: le tre geometrie di Euclide, Bolyai-Lobačevskij e Riemann venivano così definite per mezzo di considerazioni *completamente differenti*[16] da quelle con le quali erano state introdotte. Inoltre, Klein mostrava per primo che la geometria proiettiva è indipendente dalla teoria delle parallele[17]. È noto che né Poncelet, né Chasles, né Staudt, né Cayley avevano chiarito questo punto e che, anzi, non si erano per nulla posti questo problema.

IV – Vedute nuove sulla natura e sull'oggetto della geometria

Le ricerche che abbiamo appena ricordato concernenti la geometria proiettiva e le geometrie non euclidee (e il loro avvicinamento) implicano, al di là delle conquiste di grande portata, l'avviamento di interrogazioni fondamentali sulla natura e sull'oggetto della geometria. È opportuno esplicitare tale importante movimento di idee per il fat-

---

[14] Klein ha avuto la preoccupazione di definire assiomaticamente la nozione di misura proiettiva, mostrando che essa deve soddisfare a due esigenze: additività e invarianza rispetto a uno spostamento.
[15] Cfr. "Mathematische Annalen", 1871, pp. 623-625.
[16] Cfr. *Ganz anderen Betrachtungen*, in "Mathematische Annalen" p. 625. Corsivo nostro.
[17] Cfr. "Mathematische Annalen", 1871, p. 573 e 1873, p. 112.

to che si colloca alla base della genesi del programma di Erlangen. Più ampiamente – tuttavia questo esce dal nostro campo di analisi – esso doveva costituire uno degli attivatori principali della nascita della matematica moderna.

In questo movimento di idee crediamo di poter discernere diverse componenti che, benché strettamente legate, hanno tuttavia caratteristiche specifiche abbastanza determinate per meritare di essere esaminate separatamente.

Dalla scienza dello spazio fisico alla scienza astratta dello spazio

Già Gauss aveva presentito che la geometria non si limitava alla teoria delle figure dello spazio reale. Bolyai e Lobačevskij erano andati più lontano lungo questa via, definendo una serie di geometrie logicamente coerenti indipendenti dai dati dell'esperienza. Essi conservavano senza dubbio la preoccupazione di determinare quale di queste geometrie costituisse la geometria "reale", ma questa non era in ogni modo che una geometria fra molti altri *modelli* di geometrie ugualmente valide dal punto di vista logico.

Altri progressi della geometria, che sarà sufficiente ricordare brevemente perché sono ben conosciuti, contribuiranno nel corso della prima metà del XIX secolo a liberare la geometria dalle limitazioni che le aveva imposto la restrizione allo spazio reale. Tuttavia occorre osservare bene che questo ampliamento della geometria non procede, perlomeno inizialmente, da un progetto di costituzione di una geometria astratta e generale ma dallo sviluppo e dall'approfondimento dei problemi posti dalla geometria "reale". Dapprima queste estensioni apparvero più come dei nuovi punti di vista sui problemi della geometria "reale" e delle modalità nuove di abbordarli, anzi dei puri artifici, che come estensioni in grado di condurre alla definizione di una geometria sviluppata negli spazi più generali, di cui quella dello spazio reale non sarebbe che un caso particolare. Così si hanno:
- l'introduzione degli elementi immaginari nella geometria proiettiva;
- le considerazioni di dualità in geometria proiettiva (benché queste considerazioni conducano a una certa "indifferenza" riguardo

alla natura reale degli elementi presi in considerazione – punti e rette si trovano a giocare astrattamente lo stesso ruolo – esse si sviluppano per lungo tempo unicamente all'interno della geometria "reale");
- la geometria proiettiva astratta di Staudt, rispetto alla quale si possono fare le stesse osservazioni;
- l'introduzione della nozione di geometrie a più di tre dimensioni sotto la "pressione" della generalizzazione imposta naturalmente dal trattamento analitico della geometria. Cayley considererà in modo sistematico la geometria analitica a n dimensioni, essendo n un numero intero positivo qualunque. Tuttavia, questa estensione non avrà completamente effetto fin verso la metà del XIX secolo, quando si sarà posto fine alla sterile opposizione, mantenuta da molto tempo e tenacemente, fra geometria pura e geometria analitica.

Dalla geometria "scienza delle figure" alla geometria "scienza dello spazio"

Siamo, a questo proposito, di fronte al mutamento senza dubbio più ragguardevole che doveva conoscere la geometria durante il XIX secolo. Fino a quell'epoca, la geometria non era affatto la *scienza dello spazio*, ma unicamente la *scienza delle figure dello spazio*. Lo spazio era considerato come un dato primo, un ricettacolo, il luogo delle figure. Senza dubbio la metafisica si era interrogata da tempo a tale riguardo ma per il matematico ciò non poneva problemi. Estensione omogenea, indefinita e a tre dimensioni, lo spazio costituiva una realtà neutra inerte, che non richiedeva alcuna speculazione. È proprio questa la veduta che Kant, benché filosofo, dovette consacrare quando fece dello spazio una categoria della ragione.

Inoltre, non è per mezzo di considerazioni generali e a priori che si è operata l'evoluzione delle idee, ma per mezzo dell'approfondimento della riflessione su problemi di "figure", dunque nel quadro della geometria classica. Sembra che sia Lobačevskij ad aver fatto cessare per primo *la neutralità matematica* dello spazio, considerando il valore del parametro caratterizzante la geometria dello spazio reale fra tutte quelle possibili come una *proprietà* dello spazio.

Ciò che è stato precedentemente detto sulle geometrie non euclidee mostra una problematizzazione dello spazio, con considerazioni sulla sua natura oltre che sulle figure dello spazio. Riteniamo di dover ritornare su questa evoluzione delle concezioni geometriche, al fine di situarla in una prospettiva più ampia e fondamentale.

Grassmann, nel suo *Ausdehnunglehre* del 1844, poneva il problema con notevole generalità, istituendo una teoria dell'estensione per mezzo di considerazioni sulle varietà pluri-dimensionali indipendentemente dalla loro rappresentazione sensibile[18]. L'elemento di una tale varietà costituisce l'analogo del punto dello spazio reale.

Nel 1854, nella sua celebre dissertazione inaugurale, Riemann dava al concetto di spazio una generalità ancora più grande. Tali vedute oltrepassano di molto il programma di Erlangen di Felix Klein; esse pongono, infatti, le basi della Topologia generale, la cui costituzione esplicita risale agli anni immediatamente precedenti la prima guerra mondiale. Tuttavia le vedute di Riemann escono completamente dal nostro campo di analisi: Klein, infatti, interessato soprattutto alla teoria dei gruppi – teoria che Riemann non fa intervenire direttamente – non sembra avervi accordato l'attenzione che meritavano. Ci interessa comunque citare, della dissertazione di Riemann, il passaggio principale sul concetto generale di spazio, poiché sembra che abbia giocato un certo ruolo nel progresso delle idee che ha condotto al programma di Erlangen: "*è noto come la geometria presupponga come qualcosa di dato non solo il concetto di spazio ma anche i primi concetti fondamentali per effettuare delle costruzioni spaziali. Di questi concetti essa fornisce solo definizioni nominali, mentre le determinazioni essenziali intervengono sotto forma di assiomi. Il rapporto esistente tra questi presupposti viene lasciato in ombra; non si vede se esso è necessario e fino a che punto e neppure se è a priori possibile.*

---

[18] Klein sottolinea il contributo di Grassmann a questo proposito, cfr. *Programma di Erlangen*, pp. 45 e 52, in questo volume.

Da Euclide fino a Legendre, per nominare solo il più famoso dei moderni edificatori della geometria, questo aspetto oscuro del problema non è stato chiarito né dai matematici, né dai filosofi, che attorno ad esso si sono affaticati. La ragione sta forse nel fatto che non è stato per nulla sviluppato il concetto generale di grandezze pluri-estese, in cui rientrano le grandezze spaziali. Mi sono quindi in primo luogo proposto di costruire il concetto di grandezza pluri-estesa a partire da concetti generali di grandezza. Ne risulterà che una grandezza pluri-estesa è suscettibile di diverse relazioni metriche e che dunque lo spazio costituisce solo un caso particolare di grandezza tri-estesa. Ne consegue necessariamente che i teoremi della geometria non si possono derivare da concetti generali di grandezza, ma al contrario le proprietà, per cui lo spazio si distingue da altre pensabili grandezze tri-estese, si possono ricavare solo dall'esperienza [...] Si possono infatti stabilire diversi sistemi di fatti semplici, sufficienti a determinare le relazioni metriche dello spazio [...] Questi fatti, come tutti i fatti, non sono di per sé necessari, ma hanno una certezza soltanto empirica, sono ipotesi"[19, e].

Le trasformazioni: prima "strumenti", poi "essenza" della geometria

Abbiamo già ricordato – a proposito di Poncelet, Chasles, Staudt e Cayley – il ruolo delle trasformazioni nello sviluppo della geometria del XIX secolo. Vogliamo tornare su tale problema per considerarlo in modo più ampio e, soprattutto, per descrivere il notevole cambiamento attraverso il quale le trasformazioni, dopo essere state lungamente considerate come degli strumenti della geometria, sono state poi poste come basi e come essenza della geometria stessa.

A tale proposito occorre ricordare che, molto prima del XIX secolo, oltre alle trasformazioni proiettive già ricordate, vediamo tipi di trasformazioni abbastanza diversi intervenire nella geometria: per esem-

---

[19] Cfr. B. RIEMANN, *op. cit.*, pp. 280-281.
[e] Cfr. A. EINSTEIN, *op. cit.* alla nota *d*, pp. 204-205. (N.d.T.)

pio in Stevin, Gregorio di San Vincenzo, Eulero. Quest'ultimo prende in considerazione in particolare le trasformazioni affini. All'inizio del XIX secolo le rotazioni e le omotetie attireranno l'attenzione in modo speciale e Möbius si occuperà soprattutto delle trasformazioni affini[20].

Mentre le geometrie "pure" non consideravano le trasformazioni che sotto la forma sensibile delle corrispondenze fra figure, i geometri "analitici", esprimendole sotto forma algebrica, erano portati ad approfondirne la natura. In particolare, essi avrebbero espresso la conservazione delle proprietà delle figure nelle trasformazioni sotto la forma di *invarianti*. A questo riguardo, è noto quale posto occupi nel XIX secolo la teoria degli invarianti. Così tra geometria e Algebra si opera una fecondazione reciproca. Cayley e Sylvester, geometri e algebristi nello stesso tempo, dovevano apportare importanti contributi a questi lavori.

Trasformazioni e gruppi

È tuttavia soprattutto a partire dal momento in cui le trasformazioni furono considerate come dei *gruppi* che si iniziò a riconoscere tutta la loro portata in geometria. È a Klein che va il merito di questo avvicinamento, anche se ci si può stupire che non sia stato realizzato già precedentemente. Non bisogna tuttavia dimenticare che, introdotta fin dal 1830 da Galois, la nozione di gruppo non si diffuse realmente che grazie al *Traité des substitutions* di Jordan, pubblicato nel 1870. È soprattutto attraverso Jordan che Klein ha conosciuto la teoria dei gruppi. Certamente, come ricorda lo stesso Klein, già nel 1844 Grassmann aveva presentito che ci sarebbe stato motivo di fare intervenire l'Algebra nello studio fondamentale della geometria, considerando secondo i suoi propri termini "il parallelo fra l'analisi combinatoria e la teoria dell'estensione"[21].

---

[20] Sulle trasformazioni, nella storia della Matematica, cfr. *Encyclopédie Mathématique*, ed. francese, III, p. 81. Cfr. inoltre CHASLES, *op. cit.*, pp. 212-216, ove si ricorda che Dürer faceva crescere proporzionalmente le dimensioni di una figura.
[21] Cfr. F. KLEIN, *Programma di Erlangen*, p. 48, nota 30, in questo volume.

Tuttavia Grassmann non andò oltre queste vedute molto generali mentre Klein approfondisce sicuramente il problema. Dopo aver ricordato la teoria di Galois e i lavori di Jordan, come d'altronde quelli di Serret, Klein dichiara: "*analogamente noi vogliamo una teoria delle trasformazioni, una dottrina cioè dei gruppi che possono ottenersi con trasformazioni di data natura*"[22]. Già nel 1868, dunque quattro anni prima del programma di Erlangen, facendo riferimento unicamente allo spazio euclideo, Helmholtz aveva sviluppato l'idea che si sarebbero potute caratterizzare le proprietà di questo spazio attraverso le proprietà dei movimenti considerati come trasformazioni puntuali e aveva formulato gli assiomi che tali trasformazioni dovevano soddisfare per poter corrispondere ai movimenti reali dei solidi nello spazio. Helmholtz non aveva tuttavia esplicitamente considerato queste trasformazioni come costituenti un gruppo. Klein, che tiene conto dei lavori di Helmholtz, aderisce deliberatamente a questo punto di vista e, confrontando la considerazione del gruppo di spostamenti euclidei con il gruppo più generale che costituisce il gruppo proiettivo, giunge alle vedute che costituiranno il programma di Erlangen: "*sorge così il seguente problema comprensivo: è data una varietà e in questa un gruppo di trasformazioni; studiare le forme appartenenti alla varietà per quanto concerne quelle proprietà che non si alterano nelle trasformazioni del gruppo dato [...] possiamo anche dire così: è data una varietà e in questa un gruppo di trasformazioni; si sviluppi la teoria invariantiva relativa al gruppo medesimo*"[23].

In questo modo, si trova definita una dottrina generale e organica della geometria, fondata su una gerarchia di gruppi. Klein chiama *gruppo principale* quello le cui trasformazioni non alterano le proprietà geometriche delle figure[24]. Si tratta degli spostamenti dello spa-

---

[22] Cfr. F. KLEIN, *Programma di Erlangen*, p. 48, in questo volume.
[23] Cfr. F. KLEIN, *Programma di Erlangen*, p. 16-17, in questo volume.
[24] Cfr. F. KLEIN, *Programma di Erlangen*, p. 16, in questo volume.

zio, delle similitudini e delle simmetrie. Ma questo gruppo può essere considerato come un caso particolare di gruppi più generali: "*sostituendo al gruppo principale un altro gruppo più ampio, le proprietà geometriche si conservano solo in parte [...]. Il loro carattere (dei nuovi indirizzi geometrici) è appunto quello di porre a base delle considerazioni, in luogo del gruppo principale, un altro gruppo più esteso di trasformazioni dello spazio. La loro reciproca relazione è determinata da una proposizione analoga, finché i loro gruppi si comprendono l'un l'altro*"[25].

Klein poteva allora riassumere l'originalità e l'essenza del suo programma in questa formula: "*per la prima volta i diversi ordini di ricerca della geometria sono espressi dai gruppi di trasformazioni che vi corrispondono*".

Bisogna sottolineare l'ampliamento e persino, in un certo senso, il rovesciamento di prospettiva così operato da Klein. Non soltanto è introdotto nella geometria un ordine per mezzo della ripartizione delle proprietà delle figure in classi corrispondenti ciascuna a un gruppo di trasformazioni (questi gruppi essendo gerarchizzati), ma la geometria è ormai considerata piuttosto come lo studio non più delle proprietà così ordinate delle figure dello spazio euclideo ma dei diversi gruppi di trasformazioni (visto che a ogni gruppo corrisponde uno spazio). Inoltre, Klein è condotto dalla logica stessa della sua dottrina a considerare trasformazioni più generali di quelle proiettive, a cui si erano fermati i suoi predecessori, e giunge fino alla considerazione del gruppo generale delle trasformazioni continue[26]. Questa estensione fu suggerita a Klein dai lavori di Lie ma, poiché Klein non la sviluppò realmente che dopo la formulazione del programma di Erlangen, al quale si limita questo studio, non vi insisteremo ulte-

---

[25] Cfr. F. KLEIN, *Programma di Erlangen*, p. 19, in questo volume.
[26] "Il gruppo il quale stabilisce la maniera di trattare campi dati può essere esteso a piacimento", cfr. F. KLEIN, *Programma di Erlangen*, p. 32, in questo volume.

riormente[27]. Klein stesso sottolinea il contrasto fra la libertà conosciuta ormai dalla nuova geometria (che può collegarsi a suo piacimento a questo o a quel gruppo di trasformazioni) e la geometria tradizionale in cui "era dato a priori un gruppo assai ristretto, il gruppo principale"[28].

V – Riflessioni epistemologiche

Per la loro portata e il loro carattere fondamentale, i processi che hanno condotto a quella veduta unificata della geometria – senza dubbio parziale, ma notevole – che costituisce il programma di Erlangen, esigono in modo particolare una riflessione epistemologica. Ci troviamo di fronte a un caso esemplare in cui i tratti più caratteristici del dinamismo del pensiero scientifico si manifestano in modo particolarmente accentuato ed esplicito.

Problematizzazione e interrogazioni critiche

Raramente, nella storia della scienza la problematizzazione delle concezioni tradizionali è apparsa nello stesso tempo più difficile e più feconda che nel caso della nascita delle geometrie non euclidee che, come si è visto, hanno giocato un ruolo essenziale nella genesi del programma di Erlangen. A questo proposito, è già molto grande il merito di Gauss, poi di Lobačevskij e Bolyai, che per primi hanno contestato il dogma della struttura euclidea dello spazio e, di conseguenza, hanno contribuito a fare della geometria, fino a quel momento scienza dello spazio fisico, una disciplina razionale indipendente dai dati sensibili. Più audace ancora è il progresso operato da Riemann: viene superato il rifiuto che i predecessori avevano opposto con tanta intransigenza alla possibilità di concepire che due rette possano racchiudere uno spazio o, equivalentemente, che lo spazio possa essere limitato.

---

[27] Cfr. F. KLEIN, *Programma di Erlangen*, pp. 37-40, in questo volume. Le prime pubblicazioni di Lie sui gruppi di trasformazioni risalgono soltanto al 1872.
[28] Cfr. F. KLEIN, *Programma di Erlangen*, p. 45, in questo volume.

Il bisogno di comprendere in profondità

Nella misura in cui progredisce la riflessione, sia in geometria non euclidea che in quella proiettiva, vediamo che il bisogno di comprendere in profondità diviene più pressante. Mentre Chasles si accontenta ancora della semplice coesistenza delle proprietà proiettive e delle proprietà metriche, senza preoccuparsi di determinare la loro natura esatta e i loro rapporti, Cayley mostra che le proprietà metriche possono essere caratterizzate in modo proiettivo.

Altra situazione significativa: in Poncelet la geometria è sviluppata senza la preoccupazione esplicita di una formulazione coerente dei suoi fondamenti; Staudt ne dà invece una presentazione assiomatica e nello stesso tempo astratta, che ne fa apparire le strutture essenziali.

Tuttavia, come si è visto, non troviamo né in Staudt né in Cayley la preoccupazione di precisare il ruolo esatto dell'assioma delle parallele. Sarà Klein a chiarire per primo questo punto delicato.

Dalla diversità all'unità. Verso una unificazione sempre più integrata

Nella storia della geometria del XIX secolo, come nella maggior parte degli altri domini della storia delle scienze, ci troviamo di fronte ad una dialettica di diversificazione-unificazione che merita di essere esplicitata più di quanto non si faccia comunemente.

Il pluralismo dei punti di vista con i quali i geometri del XIX secolo considerano la loro disciplina è particolarmente rilevante. Già Cayley, sensibile a ciò che di anormale gli appare in questa situazione, opera una unificazione notevole instaurando una teoria proiettiva generale della geometria. Klein è ancora più ambizioso. In un passaggio del programma di Erlangen citato all'inizio di questa esposizione, osserva che *"benché sia una per essenza, [la geometria] si è scissa in questi ultimi tempi in discipline pressoché separate"*. Da qui lo sforzo accentuato di unificazione che lo porta a integrare in una stessa teoria le geometrie non euclidee e quella proiettiva.

Tuttavia, per importante che sia questa sintesi, essa esclude ancora molti aspetti basilari della geometria, che è opportuno sottolineare. Come è noto, Klein non ha sufficientemente concentrato l'attenzione sulle vedute così profonde di Riemann intorno alla definizione delle geometrie, a partire dal ds^2 di un elemento infinitesimale. Occorrerà attendere Elie Cartan per vedere avvicinati questi due punti di vista, in una concezione più ampia della geometria. In altri termini, Klein non si è accorto dei limiti dell'unificazione che apportava alla geometria la nozione di gruppo di trasformazione. Già "superata" dalle vedute di Riemann sul ds^2, questa unificazione sarà superata anche dall'assiomatica di Hilbert alla fine del XIX secolo e, più ancora, a partire dagli anni 1910-1920, dalla Topologia generale.

Aperture e chiusure teoriche

Per ampie e profonde che siano le vedute di uno Staudt, di un Cayley o di un Klein, esse restano vincolate a una concezione della geometria e a un sistema di direzioni teoriche che, a parte gli aspetti più fecondi, appaiono segnati dal rifiuto di aprirsi a quei punti di vista più ampi e più profondi la cui portata sarà ben presto riconosciuta. A questo proposito, è caratteristica la posizione di Cayley che si ferma al punto di vista proiettivo. Per Cayley, come abbiamo già osservato, "la geometria proiettiva è tutta la geometria". Ancora più limitante appare il mantenimento, così antiquato nel XIX secolo, dell'ideale di una geometria pura, indipendente dalla analisi.

In questa storia della genesi del programma di Erlangen ritroviamo così una situazione che si presenta in numerosi altri periodi e domini della storia della scienza; proprio coloro che spingono la scienza verso i più grandi progressi sembrano sempre, per qualche verso, opporvi degli ostacoli o almeno dei ritardi. Ciò accade perché essi non sanno riconoscere i limiti e le imperfezioni della loro opera e perché non rivolgono un'attenzione sufficiente ai lavori strutturati secondo prospettive differenti dalla loro.

In questo senso, il progresso della scienza appare più come un confronto di ricerche divergenti, e che si sono reciprocamente ignorate, che non come risultante dal concorso armonico di contributi parziali, in cui ciascuno completerebbe il precedente.

Struttura del progresso della scienza

Come annunciavamo all'inizio di questa esposizione, e come ha mostrato il contenuto dell'esposizione stessa, la genesi del programma di Erlangen non si presenta affatto come una serie di passi senza legami. Tale genesi, benché in essa vi appaia un certo numero di progressi casuali, sembra costituire in retrospettiva un processo in gran parte sottomesso a una logica abbastanza stringente. Inoltre la storia di questa genesi non poteva consistere soltanto in una giustapposizione dei fatti, ma doveva liberarne la struttura. Dopo la descrizione piuttosto complessa che abbiamo appena dato, sembra opportuno ricordarne le componenti essenziali:

1. Formazione e sviluppo, indipendentemente l'una dall'altra:
   a. della geometria proiettiva;
   b. della geometria non euclidea di Bolyai-Lobačevskij;
2. Unificazione e approfondimento della geometria proiettiva grazie all'interpretazione in termini proiettivi delle proprietà metriche.
3. Completo chiarimento del problema delle geometrie non euclidee con l'aggiunta della geometria di Riemann a quella di Bolyai-Lobačevskij.
4. Avvicinamento delle due geometrie non euclidee per interpretazione proiettiva.
5. Sviluppo delle nuove e più generali vedute sulla nozione di spazio, in grado di superare la nozione di spazio euclideo tridimensionale:
   a. generalizzazione della nozione di spazio, secondo numerosi punti di vista: emergenza della nozione di spazio a più di tre dimensioni;
   b. introduzione della caratterizzazione di una geometria attraverso un gruppo;
   c. mutamento della nozione di geometria, considerata non più come scienza delle proprietà delle figure ma come scienza delle proprietà dello spazio.

I rapporti fra i differenti elementi che costituiscono la struttura dello sviluppo del programma di Erlangen sono sufficientemente chiari e non è quindi necessario darne un'ulteriore raffigurazione schematica.

"Storia delle conquiste" e "storia delle concezioni" della scienza

La storia che abbiamo appena tracciato non ha riguardato direttamente le conquiste teoriche della geometria, ma l'evoluzione della sua concezione. In questo caso particolare si manifesta così, in modo molto evidente, la necessità (ancora insufficientemente riconosciuta) di fare posto nella storia delle scienze – oltre alla storia propriamente detta delle "scoperte" – anche alla storia della "concezione" stessa che ogni epoca e ogni scienziato hanno avuto della scienza.

Nel nostro caso, si parla abbastanza comunemente di storia dei *fondamenti* della geometria. Questa qualificazione ci sembra però restrittiva. Infatti l'idea di *storia dei fondamenti* suggerisce l'istituzione di principi logici formanti un tutto coerente (a partire dai quali una scienza potrà essere sviluppata). Ora, ciò che abbiamo trattato include certamente i fondamenti così intesi, ma li oltrepassa anche di molto. La genesi che abbiamo descritta ci ha mostrato dei mutamenti più "fondamentali", concernenti in particolare la nozione di spazio. Per questo conviene, nel nostro esempio come in molti altri domini, aggiungere alla storia dei fondamenti e dei principi una storia delle concezioni che ci si è formati di ogni disciplina.

La scienza come opera internazionale

Un'ultima osservazione generale riguarda il carattere internazionale dello sforzo che ha condotto all'enunciazione del programma di Erlangen. Vale la pena di notare che vi abbiamo visto concorrere direttamente dei tedeschi (Klein, Staudt, Grassmann, Helmholtz, Riemann), un russo (Lobačevskij), un ungherese (J. Bolyai), un inglese (Cayley), due francesi (Poncelet, Chasles) e un italiano (Beltrami).

Con quest'ultima osservazione si evidenzia ancora di più la qualità, l'ampiezza e la portata della genesi del programma di Erlangen che, facendo convergere i lavori di uomini così diversi per genio e temperamento, ci ha procurato una delle conquiste più notevoli della scienza moderna.

MIX
Papier aus verantwortungsvollen Quellen
Paper from responsible sources
FSC® C105338

If you have any concerns about our products,
you can contact us on
ProductSafety@springernature.com

In case Publisher is established outside the EU,
the EU authorized representative is:
**Springer Nature Customer Service Center GmbH
Europaplatz 3, 69115 Heidelberg, Germany**

Printed by Libri Plureos GmbH
in Hamburg, Germany